누구나 쉽게 즐기는 홈베이킹 레시피

나의 첫 아이싱 쿠키

누구나 쉽게 즐기는 홈베이킹 레시피

나의 첫 아이싱 쿠키

다카하시 요코 지음 | **남궁가윤** 옮김 | **픽시케익** 감수

제우미디어

Introduction

아이싱 쿠키와 사랑에 빠진 지 5년.

쿠키를 만드는 것도, 보는 것도, 먹는 것도 정말 좋아해요.

아이싱 쿠키 생각을 하지 않는 날이 하루도 없을 만큼 흠뻑 빠져 있답니다.

예쁜 작품을 완성했을 때, 레슨 시간에 수강생들과 즐겁게 쿠키를 만들 때,

친구에게 선물했더니 기쁘게 받아주었을 때……

아이싱 쿠키는 많은 행복을 가져다줍니다.

무엇보다도 아이싱 쿠키의 가장 큰 매력은 디자인을 무한히 펼칠 수 있는 가능성에 있습니다.

자신이 생각해 낸 디자인을 설탕으로 표현하는 작업은 얼마나 즐거운지 몰라요!

아이싱 쿠키의 세계에 오신 것을 환영합니다.

여러분도 아이싱 쿠키를 통해서 날마다 달콤하고 부드러운 설탕 같은 시간을 맛보시기를!

Y&Csweets 다카하시 요코

CONTENTS

Part 1 How to icing cookies
아이싱
쿠키 기초

Part 2 Girly icing cookies
여자아이들이 좋아하는
아기자기한 아이싱 쿠키

이 책을 사용하는 법

이 책에서는 아이싱 쿠키 만드는 법을 순서에 따라 사진으로 설명합니다.
레시피마다 재료 란에서 그 쿠키에 사용하는 아이싱 컬러와 쿠키를 알려 줍니다.

① 플레인 쿠키

레시피에서 사용하는 쿠키 모양입니다.
각 모양에 해당하는 쿠키 커터를 이용하거나, 110쪽~127쪽의 종이본을 이용해 쿠키를 만드세요.

② 아이싱

레시피에서 사용하는 아이싱 컬러를 21쪽 색상표의 번호로 나타냈습니다.

③ 기타 재료, 도구

컬러 슈거나 스프링클 등 아이싱 이외에 사용하는 장식 재료와 도구를 표시했습니다.

- 아이싱 컬러는 21쪽 색상표의 색을 기준으로 삼아 색깔을 조합합니다.
- 아이싱 컬러는 조금만 넣어도 색이 변하므로 조금씩 조절해 가며 만드세요.
- 아이싱 쿠키 건조 시간의 기준은 약 하루입니다.
- 아이싱 쿠키는 건조, 온도, 실온 등 작업 환경에 따라 상태가 달라질 수 있습니다.

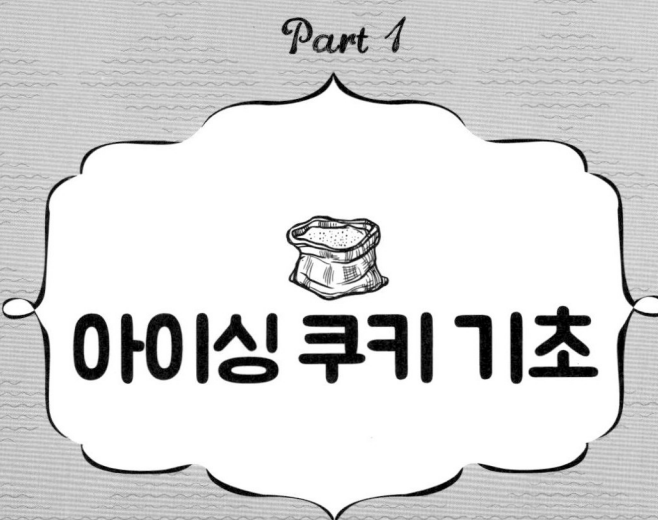

Part 1

아이싱 쿠키 기초

How to icing cookies

도구
준비하기

Icing Cookies Recipe

아이싱 쿠키 만들기에 필요한 도구를 소개합니다.
아이싱 쿠키 만들기는 '바탕이 될 쿠키를 굽는다 ⋯ 아이싱을 만든다 ⋯ 아이싱으로 쿠키를 장식한다' 순으로 작업합니다.

각 항목의
도구를
준비하세요!

바탕으로 쓸 쿠키를 만들 때의 도구

아이싱을 만들 때의 도구

장식할 때의 도구

쿠키를 만드는 도구

볼 쿠키 반죽을 섞을 때 사용한다.

밀가루 체 가루 종류는 반드시 체를 쳐서 넣는다.

실리콘 주걱 가루를 넣은 뒤에 반죽을 모을 때 사용한다.

밀대 쿠키 반죽을 밀 때 사용한다.

두께자 쿠키 두께를 고르게 하는 도구. 4mm 두께자를 사용하며, 우드락으로 대체 가능하다.

쿠키 커터 마음에 드는 모양을 준비한다.

대나무 꼬치 쿠키가 부풀어 오르는 것을 막기 위해 쿠키에 구멍을 낼 때 사용한다. 이쑤시개로도 대체 가능하다.

거품기 버터 등을 크림 형태로 갤 때 사용한다.

스크래퍼 쿠키 반죽을 쿠키 팬에 옮길 때 사용한다.

팝 쿠키를 만드는 도구

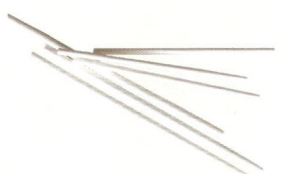

두께자 팝 쿠키는 7mm 두께자를 사용한다(일반 쿠키는 4mm 짜리를 사용). 우드락으로 대체 가능하다.

롤리팝 스틱 쿠키 반죽에 꽂아서 굽는다.

아이싱을 만드는 도구

볼 아이싱을 섞을 때 사용한다.

미니 볼 달걀흰자 가루와 물을 섞을 때 사용한다.

밀가루 체 가루 종류는 반드시 체를 쳐서 넣는다.

미니 거품기 물과 달걀흰자 가루를 섞어서 녹일 때 사용한다.

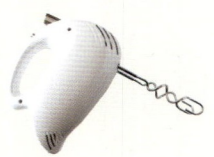

핸드 믹서(반죽기 부착) 반죽 전용 후크를 끼워서 사용한다.

차 거름망 달걀흰자 가루와 물을 거를 때 사용한다.

포크 슈거 파우더와 달걀흰자액을 처음에 섞을 때 사용한다. 두툼하고 단단한 것을 준비한다.

보관용기 아이싱을 보존할 때 사용한다.

아이싱으로 장식할 때 사용하는 도구

시트 도마 아이싱을 갤 때 사용한다.

스패튤라 아이싱을 갤 때 사용한다.

작은 유리 볼 흘려 넣을 아이싱을 만들 때 사용한다.

티스푼 아이싱과 물을 섞을 때 사용한다.

스포이트 아이싱에 물을 조금씩 넣을 때 사용한다.

핀셋 작은 부분 등을 올릴 때 사용한다.

제과용 붓 아이싱을 칠할 때 사용한다.

아이싱 꽃을 만들 때 사용하는 도구

모양 깍지 꽃잎 5장짜리 꽃과 2단 꽃, 데이지는 103번 깍지로, 장미는 18번 깍지로 꽃을 만든다.

짤주머니 모양 깍지를 끼우고 아이싱을 담아서 사용한다.

유산지 약 4cm×4cm 정사각형으로 자른 것을 사용한다.

꽃받침 이 위에 아이싱으로 꽃을 짠다.

＊이 책에서 사용한 모양 깍지는 총 5가지입니다.

Recipe NO.08 **파리 모티브 아이싱 쿠키(56쪽)**	모양 깍지(17S) ▶ 16번으로 대체 가능
Recipe NO.20 **출산 축하 아이싱 쿠키(82쪽)**	몽블랑 모양 깍지(133번) ▶ 233번으로 대체 가능
Recipe NO.24 **작은 꽃 아이싱 쿠키(92쪽)**	모양 깍지(13번)
	모양 깍지(18번)
	모양 깍지(103번) ▶ 101번 or 102번으로 대체 가능

재료 준비하기

Icing Cookies Recipe

쿠키 만들기 재료를 준비합니다. 슈퍼 등에서 구하지 못할 때에는
제과재료점이나 온라인 쇼핑몰에서 구입할 수 있습니다.

쿠키 반죽 재료

| 박력분 | 흑설탕 | 쇼트닝 | 무염 버터 | 달걀 | 바닐라 오일 | 코코아 가루 |

아이싱 재료

| 슈거 파우더 | 달걀흰자 가루 (난백 가루) | 머랭 파우더 | 아이싱 컬러 |

장식 재료

식용 구슬 (아라잔)

스프링클

논파레일
작은 구슬 모양의 스프링클로
대체 가능하다.

코코넛 가루

크리스털 슈거
입자가 굵은 슈거이다.

이소말트
설탕 대체 감미료나 제과, 설탕공예
재료로 사용한다.

바탕으로 쓸 쿠키 굽기

Icing Cookies Recipe

아이싱 쿠키의 바탕으로 쓸 쿠키를 구워 봅시다.
시중에 파는 쿠키 커터로 찍어서 만드는 방법 외에도 직접 쿠키 커터를 만들거나 종이본을 사용하여 만들 수도 있습니다.
쿠키에 막대를 꽂아 주면 팝 쿠키가 된답니다. 반죽 두께를 고르게 밀어서 굽는 것이 포인트예요.

플레인 쿠키를 굽는다

재료

무염 버터 80g
쇼트닝 20g
흑설탕 80g
달걀 1/2개
박력분 200g
바닐라 오일 적당량

가장 일반적인 바탕 쿠키를 굽는 법입니다.

 **1**	 **2**	 **3**
실온에 둔 버터를 거품기로 잘 갠다.	쇼트닝도 넣어서 더 섞는다.	흑설탕을 넣고 섞는다.
 **4**	 **5**	 **6**
잘 풀어준 달걀과 바닐라 오일을 넣어서 섞는다.	체 친 박력분을 넣고 실리콘 주걱으로 자르듯이 섞어 준다.	재료가 모두 섞였으면 한 덩어리로 뭉친다.
 **7**	 **8**	 **9**
바닥에 랩을 깔고 반죽을 올린 후, 매만져서 1센티미터 두께로 민다.	랩으로 싸서 냉장고에 넣고 1시간 이상 휴지시킨다.	4mm 두께자를 양 옆에 놓고 덧가루를 조금 뿌린 뒤에 한가운데에 쿠키 반죽을 놓고 밀대로 민다.

PLUS TIP

코코아 쿠키는 코코아 가루 20g, 박력분 180g으로 만듭니다. 코코아 가루는 박력분과 섞어서 체를 쳐 둡니다. 다른 순서는 모두 같습니다.

10

쿠키 커터로 쿠키를 찍어 낸다.

11

스크래퍼를 이용하여 반죽을 쿠키 팬으로 옮긴다.

12

180℃로 예열한 오븐에서 12분간 굽는다.

PLUS TIP

쿠키가 부풀어서 구워질 때는 굽기 전에 대나무 꼬치로 구멍을 내 두세요. 특히 커터로 찍어내고 남은 반죽을 다시 뭉쳐서 찍을 때에는 반죽에 층이 생겨서 부풀기 쉽습니다.

종이본으로 쿠키 모양을 만든다

종이본으로 모양을 잘라 내면 어떤 모양의 쿠키라도 간단히 만들 수 있어요.

1

만들고 싶은 모양의 밑그림을 준비하여 가장자리를 잘라서 모양을 만든다.

2

종이본을 완성한다.

3

쿠키 커터가 없어도 좋아하는 모양으로 만들 수 있어요!

쿠키 반죽 위에 랩을 깔고 그 위에 종이본을 올린 다음, 모양에 맞춰서 과도로 반죽을 자른다.

PLUS TIP

110쪽에 이 책에서 만드는 쿠키의 종이본을 실어 두었습니다. 이 종이본을 이용하여 직접 쿠키 커터를 만들 수도 있습니다 (37쪽 참조).

팝쿠키를 굽는다

막대 사탕 모양의 팝쿠키를 구워 봐요.

1

7mm 두께자를 준비하여 쿠키 반죽을 민다.

2

쿠키 커터로 찍어 낸다.

3

롤리팝 스틱을 조금 비틀면서 쿠키 반죽 한가운데까지 꽂아 준다.

4

180도에서 14분간 굽는다.

로열 아이싱 만들기

Icing Cookies Recipe

로열 아이싱(royal icing)이란 설탕과 달걀흰자 가루를 섞어서 만든 장식용 크림입니다.
윤기와 강도가 있어서 가는 선을 그리거나 꽃 공예 등을 할 수 있습니다.

아이싱의 묽기

이 책에서는 용도에 따라 아이싱 묽기를 3단계로 조절하여 사용합니다.
레시피대로 만든 아이싱은 '단단함' 단계가 됩니다. 물을 조금 더 넣어서 '중간' 단계로,
물을 더 많이 넣어서 '묽음' 단계로 조절합니다. 물은 스포이트로 조금씩 넣어 주세요.

단단한 아이싱

아래 레시피대로 만들면 이 묽기가 되지요.

윤곽선, 글자 쓰기 등에 사용하는 아이싱이다. 티스푼으로 뜨면 뿔이 단단하게 설 정도의 묽기.

물을 넣는다 ····▶

중간 묽기 아이싱

런아웃(88쪽 참조), 작은 면을 칠할 때 등에 사용한다. 티스푼으로 뜨면 뿔은 서지만 곧 주저앉을 정도의 묽기.

물을 넣는다 ····▶

묽은 아이싱

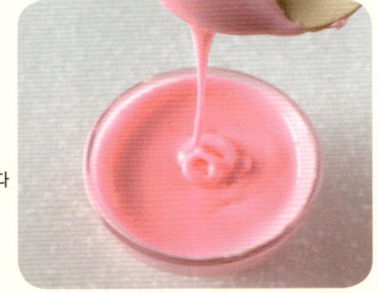

바탕에 부어 넣는 웨트 온 웨트(31쪽 참조) 등에 사용한다. 티스푼으로 뜨면 천천히 흘러내리고, 떨어진 아이싱 자국이 5초 정도면 없어진다.

로열 아이싱을 만든다

재료 슈거 파우더 200g, 달걀흰자 가루 5g, 물 30mL

1 달걀흰자 가루와 물을 작은 볼에 담고 섞은 뒤에 10분 정도 두어 잘 스며들게 한다.

2 체를 쳐 둔 슈거 파우더에 1의 달걀흰자액을 차 거름망에 밭쳐서 넣는다.

3 포크의 등 부분으로 전체를 잘 섞어 준다.

4 핸드 믹서(반죽기 1개, 저속)로 3분 정도 잘 섞어 준다.

5

빳빳해지고 윤기가 돌면 완성.

6

마르는 것을 막기 위해 아이싱을 완성
하면 곧바로 용기에 옮겨 표면에 랩을
딱 붙게 씌워서 냉장고에 보관한다.

PLUS TIP

아이싱 보존 기간은 약 5일입니
다. 마르지 않게 신경 써서 냉장
고에 보관합니다. 시간이 지난
아이싱은 빳빳함이 없어지므로
되도록 빨리 다 사용하세요.

아이싱 컬러에 대해

이 책에서는 윌튼(WILTON) 사의 아이싱 컬러를 사용했습니다.
아이싱 컬러는 젤 상태로 되어 있는 식용색소입니다.
물에 녹이지 않고 직접 넣을 수 있어서 아이싱 색깔을 내기에 가장 알맞습니다.

＼ 이 책에서 사용하는 아이싱 컬러 ／

초보자에게는 8색 세트를 추천합니다.
색을 섞으면 2쪽에 있는 많은 색을 만들 수 있어요.

8색 세트는 크리스마스 레드(Christmas Red), 레몬 옐로(Lemon Yeoolw), 리프 그린
(Leaf Green), 스카이 블루(Sky Blue), 브라운(Brown), 오렌지(Orange), 핑크(Pink), 바이
올렛(Violet)으로 이루어져 있습니다.

아이싱에 색깔을 낸다

로열 아이싱에 색깔을 냅니다.
아이싱 컬러는 조금만 넣어도 색이 잘 나므로 대나무 꼬치로 찍어서 조금씩 넣으며 조절하면서 만듭니다.
또 아이싱 컬러는 두 가지 색 이상을 섞으면 여러 가지 색을 만들 수 있습니다.

1

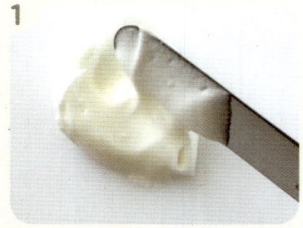

로열 아이싱을 시트 도마 위에 적당량
꺼내 놓는다.

2

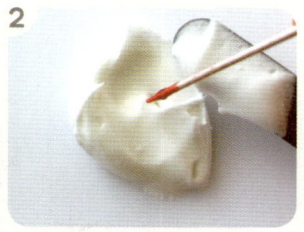

아이싱 컬러를 대나무 꼬치로 조금씩
조절하며 넣는다.

3

스패튤라로 잘 섞어 준다.

4

색이 고르게 나올 때까지 섞는다.

2색 이상을 섞어서 색을 만든다

1

첫 번째 아이싱 컬러를 잘 개면서 섞어서 색을 낸다.

2

두 번째 아이싱 컬러를 넣는다.

3

잘 개면서 섞는다.

4

2색이 잘 섞이면 완성.

꽃 짜기용 아이싱을 만든다

꽃 짜기(32쪽 참조)에는 일반적인 아이싱이 아니라 전용 아이싱을 사용합니다. 꽃 짜기용 아이싱은 머랭 파우더로 만들어요.
머랭 파우더로 만든 아이싱은 가볍고 뿔이 단단히 서기 때문에 꽃잎이나 잎을 입체적으로 짜기에 적합하답니다.
재료는 다르지만 순서는 일반 아이싱과 같은 방법으로 만듭니다.

재료 슈거 파우더 250g, 머랭 파우더 12g, 물 30mL

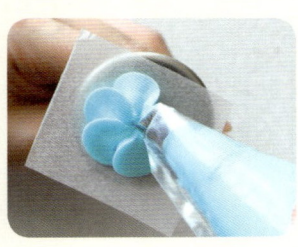

／ 꽃 짜기 ＼

1 슈거 파우더와 머랭 파우더를 합해서 체 친다.
2 1을 담은 볼에 물을 넣고 포크로 잘 갠다.
3 핸드 믹서로 바꿔서 저속으로 5분 정도, 윤기가 나고 뿔이 설 때까지 잘 쳐 준다.

아이싱 색상표

Icing Cookies Recipe

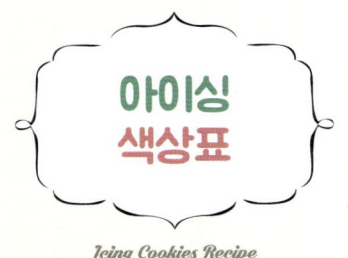

아이싱 컬러는 색을 섞어서 무한히 새로운 색을 즐길 수 있습니다.
부드러운 색상으로 만들고 싶으면 아이싱 컬러를 조금 적게, 쨍하는 색상을 내고 싶을 때는 조금 많이 넣어서 분위기에 맞도록 색을 조절해 보세요. 검정은 예외로 아이싱 컬러를 사용하지 않으니 아래 PLUS TIP를 참조하세요.

이 책에서 사용하는 색

색상표의 색을 기준으로 삼아 색깔을 조합합니다.

1
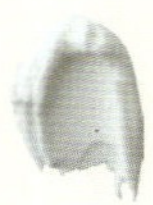
흰색
아무것도 섞지 않는다
(로열 아이싱)

2
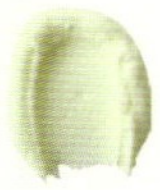
오프화이트
노랑 아주 조금

3
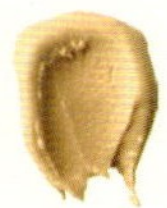
베이지
노랑 아주 조금
+
갈색 아주 조금

4
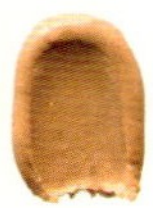
황갈색
갈색 조금
+
노랑 조금

5
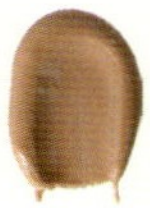
밝은 갈색
갈색 조금

6
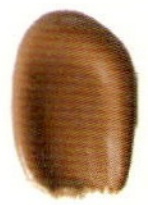
갈색
갈색 많이

7
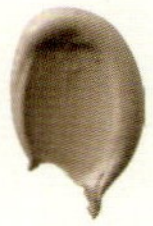
모카
검정 아주 조금
+
갈색 아주 조금

8
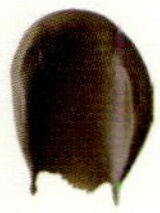
어두운 갈색
검정 조금
+
갈색 많이

9
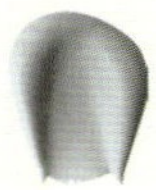
회색
검정 아주 조금

10
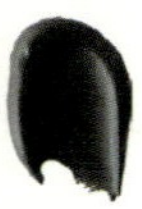
검정
아무것도 섞지 않는다

11
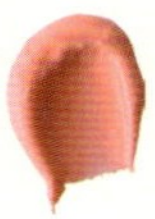
밝은 빨강
빨강 조금

12
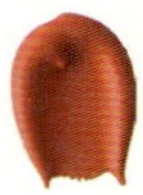
빨강
빨강 많이

13
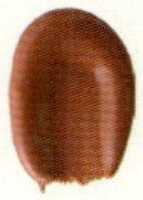
어두운 빨강
빨강 많이
+
갈색 조금

14
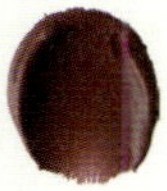
와인레드
빨강 많이
+
보라 조금
+
갈색 조금

15
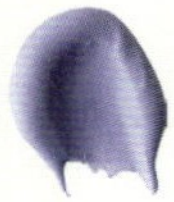
밝은 보라
보라 조금

16
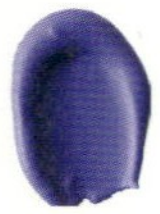
보라
보라 많이

17
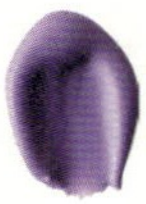
핑크 퍼플
보라 조금
+
분홍 아주 조금

18
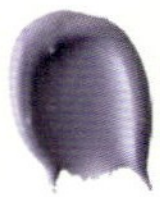
앤티크 퍼플
보라 조금
+
갈색 아주 조금

19 밝은 노랑
노랑 조금

20 노랑
노랑 많이

21 밝은 주황
주황 조금

22 주황
주황 많이

23 주홍
주황 조금
+
빨강 많이

24 살구색
주황 아주 조금

25 밝은 분홍
분홍 아주 조금

26 분홍
분홍 조금

27 꽃분홍
분홍 많이

28 앤티크 핑크
분홍 조금
+
갈색 아주 조금

29 어두운 분홍
분홍 많이
+
갈색 조금

30 노란 분홍
분홍 조금
+
주황 조금

31 퍼플 핑크
분홍 조금
+
보라 아주 조금

32 밝은 파랑
파랑 조금

33 파랑
파랑 많이

34 어두운 파랑
파랑 조금
+
검정 조금

35 밝은 앤티크 블루
파랑 조금
+
갈색 아주 조금

36 앤티크 블루
파랑 많이
+
갈색 조금

37 밝은 청록
파랑 조금
+
초록 조금

38 청록
파랑 많이
+
초록 많이

39 밝은 남색
파랑 조금
+
보라 조금

40 밝은 초록
초록 조금

41 초록
초록 많이

42 밝은 연두
초록 조금
+
노랑 조금

43

연두
초록 많이
+
노랑 많이

44

밝은 모스 그린
초록 조금
+
갈색 아주 조금

45

모스 그린
초록 많이
+
갈색 조금

아이싱 준비하기

Icing Cookies Recipe

아이싱은 '코르네(cornet)'라고도 부르는 아이싱용 짤주머니에 넣어서 짭니다.
짤주머니는 OPP 필름이라는 투명 셀로판지로 만듭니다.
세밀한 아이싱 작업에 꼭 필요한 도구이니 만드는 법을 확실하게 익혀 두세요.

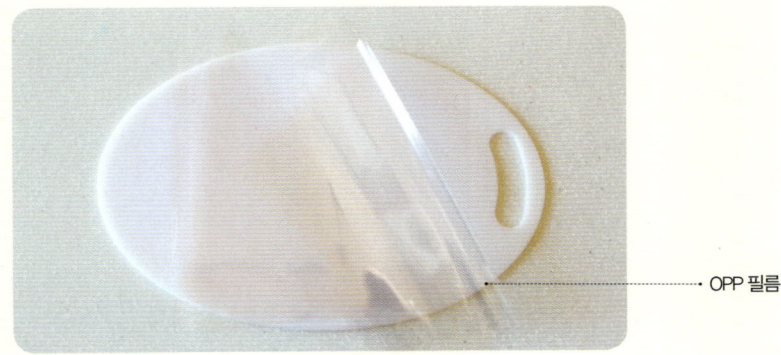

················ OPP 필름

짤주머니를 만든다

OPP 필름을 삼각형으로 잘라서 준비해 두고 이를 사용하여 짤주머니를 만듭니다.
포인트는 '끝을 뾰족하게 세우는 것'입니다. 느슨해지면 아이싱이 새어 나오니까 주의하세요.

재료

OPP 필름 20cm×20cm
(대각선으로 잘라 둔다)

※여기에서는 알아보기 쉽도록
분홍색 종이를 대신 사용했습니다.

1

네모난 필름을 대각선으로 잘라서 삼각형으로 만들어 준비한다.

2

삼각형의 뾰족한 부분을 위로 가도록 잡는다.

3

손가락움직임
컵을 만드는 것처럼 좌우를 가운데를 향해 겹쳐서 원뿔 모양으로 만든다.

4
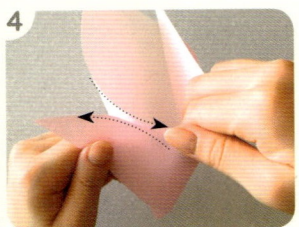
그대로 말아서 한 바퀴를 겹친다.

5
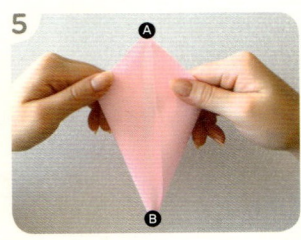
A
B
사진처럼 A와 B가 똑바로 합쳐지도록 정리한다.

6
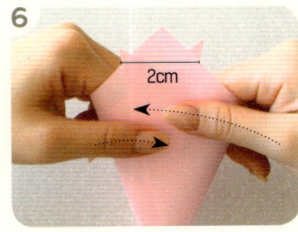
2cm
거기에서부터 서로 안쪽으로 겹쳐서, 3장이 겹쳐진 부분이 2cm 너비가 되도록 한다.

  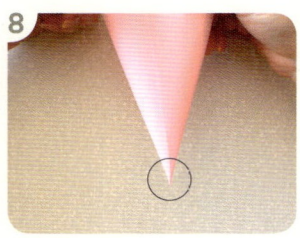

위에 겹쳐진 부분을 엄지손가락으로 똑바로 위로 끌어올려서 짤주머니 끝을 막는다.

짤주머니 끝을 뾰족하게 만들 때에 끝이 소용돌이를 그리지 않도록 똑바로 끌어올리는 것이 포인트!

 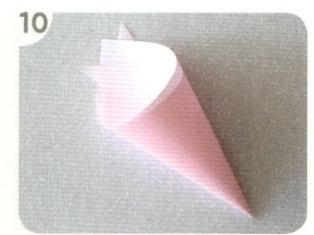

접착테이프로 고정한다.

완성.

아이싱을 짤주머니에 담는다

색을 낸 아이싱을 짤주머니 속에 담습니다.

스패튤라 끝 부분에 아이싱을 모아서 짤주머니 속에 넣는다.

가운데를 향해서 좌우를 접고, 위 부분을 아래로 여러 번 접는다.

접착테이프로 고정하여 완성.

아이싱 선 그리기 연습

Icing Cookies Recipe

아이싱 쿠키 만들기에 꼭 들어가는 선 그리기와 글자 쓰기.
가는 부분에서는 힘 조절과 속도 조절이 필요합니다.
예쁘게 선을 그릴 수 있도록 충분히 연습해 두세요.

짤주머니 끝을 잘라서 준비한다

아이싱을 담은 짤주머니 끝을 자릅니다.
가는 선을 그리고 싶을 때에는 끝을 조금만 자르고, 굵은 선을 그리고 싶을 때는 조금 더 많이 잘라 주세요.

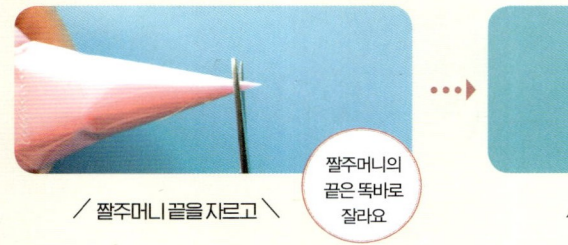

／ 짤주머니 끝을 자르고 ＼

짤주머니의
끝은 똑바로
잘라요

／ 선을 그린다 ＼

PLUS TIP
연습은 클리어파일이나 유산지 위에서 하면 편리합니다. 클리어파일에는 안내 선을 그은 종이를 끼워 두고 그 선을 덧 그리듯 연습하세요.

직선 그리기

먼저 기본이 되는 직선부터 연습하세요. 아이싱을 담은 짤주머니의 내용물을 짜면서 옆으로 끌어당겨 줍니다.
포인트는 짤주머니를 위로 든 상태에서 그리는 것! 짤주머니 끝이 아래에 닿지 않도록 하세요.
선의 끝 부분은 짤주머니를 아래로 내려서 아이싱을 끊어 줍니다.

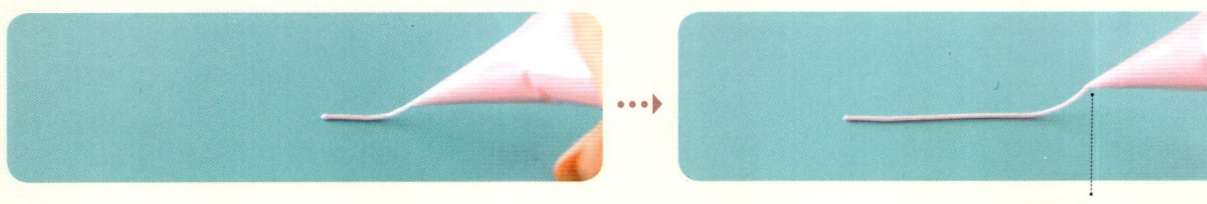

짤주머니 끝은 언제나 떠 있는 상태로!

커다란 곡선 그리기

짤주머니를 위로 들고 선을 그립니다.
길이의 느낌을 살피면서 그리고 속도도 조절합니다.

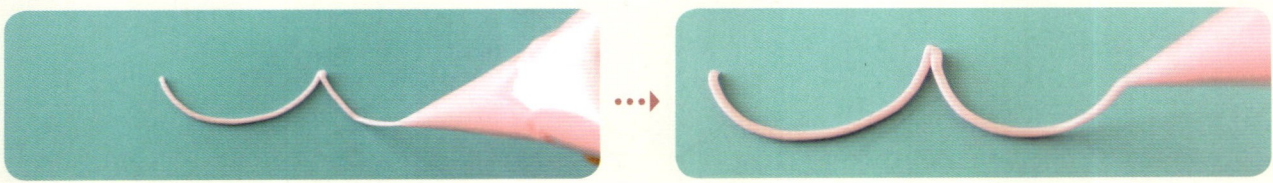

작은 곡선 그리기

짤주머니를 위로 들지 말고 곡선을 하나씩 구분하면서 그립니다.

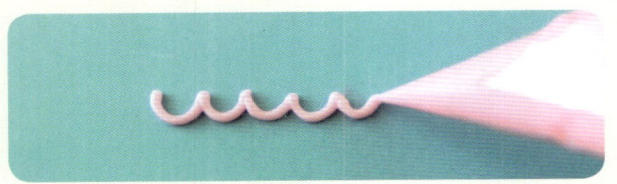

점 짜기

크기를 조절하면서 아이싱을 둥글게 짜 줍니다.
뿔이 설 때에는 습기 있는 붓을 이용해서 수정하세요.

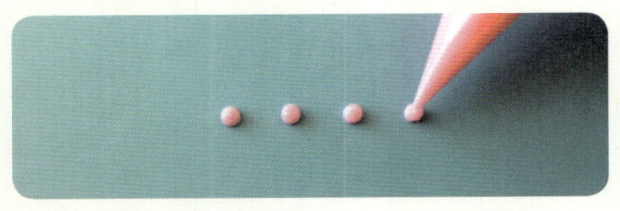 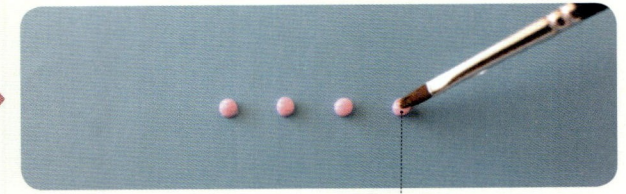

뿔이 설 때에는 습기 있는 붓으로 눌러 준다

쉘 짜기

점과 마찬가지로 아이싱을 둥글게 부풀려서 짜고 마지막 부분은 힘을 빼서 살짝 끌어당깁니다.
2개째부터는 앞 무늬의 마지막 부분에 조금씩 겹치면서 선을 이어 줍니다.

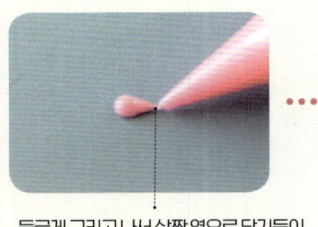 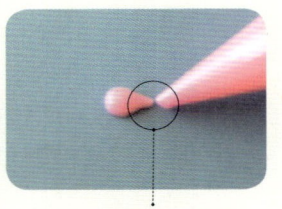 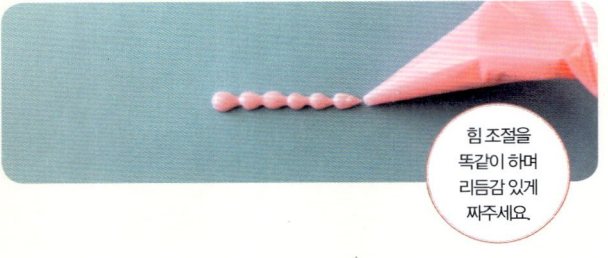

둥글게 그리고 나서 살짝 옆으로 당기듯이

조금만 떨어뜨려서 또 그린다

힘 조절을 똑같이 하며 리듬감 있게 짜주세요

글자 쓰기

가는 글자는 짤주머니를 쳐들지 않고 한 획씩 꼼꼼하게 써 줍니다.
아이싱을 짜는 힘과 속도를 조절하는 것이 포인트예요. 필기체는 하나로 연결하듯이 단숨에 씁니다.

아이싱 쿠키의 기본

Icing Cookies Recipe

바탕으로 쓸 쿠키와 아이싱 준비가 끝났으면, 이제 장식을 할 차례지요.
쿠키 모양을 따라 윤곽선을 그리고 그 안쪽에 아이싱을 흘려 넣어요.
바탕을 윤기 있고 고르게 마무리하면 완성도도 한층 높아진답니다.

기본 아이싱 쿠키를 만든다

아이싱은 봉긋하게 마무리하면 귀여워요!

/ 기본 아이싱 쿠키 \

쿠키 윤곽선을 두른다
▼
아이싱을 흘려 넣는다
▼
말린다

재료

플레인 쿠키
단단한 아이싱(짤주머니에 담는다)
묽은 아이싱

1 쿠키와 아이싱을 준비한다. 단단한 아이싱은 짤주머니에 넣어 둔다.

2 쿠키 모양을 따라서 단단한 아이싱으로 윤곽선을 그린다.

3 찌그러지거나 어긋난 부분은 붓으로 정리해 준다. 수정용으로 사용하는 붓은 물로 살짝 적셔 두면 사용하기 편하다.

4 묽은 아이싱을 티스푼으로 떠서 윤곽선 안쪽에 흘려 넣는다.

5 쿠키 가운데에 넣은 아이싱을 붓으로 바깥쪽을 향해 펴 준다.

6 붓을 조금씩 돌리면서 고르게 한다.

7 공기방울이 생기면 붓으로 눌러서 없앤다.

8 흘려 넣은 아이싱 높이가 고르게 되도록 볼록하게 올려서 마무리한다.

장식의 기본

Icing Cookies Recipe

아이싱 쿠키 만들기에서 가장 즐거운 시간은 마지막 장식 작업이지요.
글자나 무늬를 넣거나 분위기에 맞게 마무리하세요.

구슬과 설탕 장식을 붙인다

1

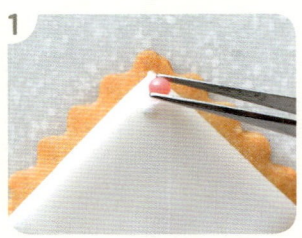

구슬 뒷면에 바탕과 같은 색 아이싱을 접착용으로 조금 짜고, 마르기 전에 붙인다.

2

같은 방법으로 설탕 장식도 붙인다.

장미꽃을 그린다

1

단단한 아이싱으로 큼직한 원을 그린다.

2

1의 아이싱이 마르면 그 위에 단단한 아이싱으로 소용돌이를 그리듯이 선을 그린다. 초록 아이싱으로 잎도 그려 준다.

컬러 슈거를 만든다

아이싱 컬러가 있으면 좋아하는 색깔의 컬러 슈거를 직접 만들 수 있어요.
반짝반짝 빛나는 설탕은 장식하기 아주 좋은 재료지요.

재료

크리스털 슈거 만들고 싶은 분량 만큼
아이싱 컬러 조금
물 몇 방울
비닐봉지

1
적당량의 크리스털 슈거를 비닐봉지에 담는다.

2
티스푼 위에 대나무 꼬치로 아이싱 컬러를 조금 덜어 준다.

3
스포이트로 물을 몇 방울 떨어뜨리고 대나무 꼬치로 녹이듯이 섞는다.

4
비닐봉지에 넣은 크리스털 슈거 속에 3을 1방울 떨어뜨린다(색이 연할 때에는 1방울 더 넣는다).

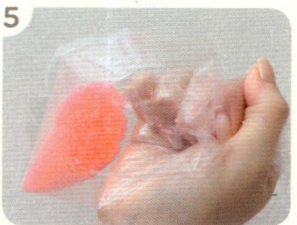

5
봉지 속에 공기를 넣고 크리스털 슈거와 아이싱 컬러가 섞일 때까지 잘 흔든다.

6
크리스털 슈거를 접시에 꺼내서 말린다. 다 마르면 체에 쳐서 작은 용기에 넣어 보관한다.

웨트 온 웨트 기법 익히기

Icing Cookies Recipe

웨트 온 웨트(wet on wet)란 아이싱의 바탕 부분에 몇 가지 색을 겹쳐서 무늬를 납작하게 넣는 기법입니다.
바탕과 무늬를 그리는 아이싱의 물 양과 묽기를 똑같이 맞추는 것이 포인트예요.

아이싱의 묽기를 똑같이 하면
무늬가 예쁘게 스며들어요.

겹칠 색이
많을 때에는 건조에
신경을 쓰며 재빨리
작업하세요.

준비한다

웨트 온 웨트는 표면이 마르기 전에 무늬를 넣는 것이 포인트입니다.
칠하기 시작하면 다음 작업을 원활하게 할 수 있도록 재료 등은 모두 미리 준비해 두세요.

POINT 아이싱의 묽기를 똑같이 하면 무늬가 예쁘게 스며들어요.

1

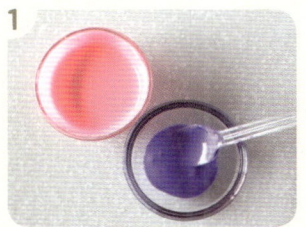

바탕에 흘려 넣을 아이싱과 무늬용 아이싱은 모두 똑같은 묽기로 조절한다.

2

무늬용 아이싱은 짤주머니에 담아 둔다.

3

단단한 아이싱으로 윤곽선을 그린 쿠키, 바탕용과 무늬용 아이싱, 붓, 티스푼을 준비한다.

웨트 온 웨트 기법으로 물방울무늬를 만든다

1

바탕 아이싱을 흘려 넣는다.

2

1을 하고 곧바로 표면이 마르기 전에 쿠닝용 아이싱으로 물방울무늬를 넣는다.

3

물방울무늬는 바탕 표면에 살짝 아이싱을 놓는 느낌으로 짜 준다.

4

무늬가 고르게 배치되도록 하고 가장자리 부분에도 물방울무늬를 짜 준다.

꽃 짜기 익히기

Icing Cookies Recipe

꽃을 짜는 아이싱은 일반 아이싱이 아니라 꽃 짜기용 아이싱(20쪽 참조)을 큰 짤주머니에 넣어서 사용합니다.
여기에서는 꽃잎이 5장인 꽃, 꽃잎이 2단인 꽃, 데이지, 그리고 장미를 만들어 봅니다.
완성한 꽃은 건조제를 넣은 병 등에 넣어 보관합니다.
아이싱 꽃은 아이싱 쿠키는 물론 케이크 등에 곁들여도 예쁘답니다.

준비한다

짤주머니 끝을 잘라서 모양 깍지를 끼워 둡니다.

1
모양 깍지를 끼운 짤주머니에 스패튤라로 아이싱을 담는다.

2
끝까지 차도록 내용물을 밀어서 보낸다.

3
짤주머니 입구를 꽉 묶어 준다.

4
깍지 끝이 마르지 않도록 젖은 키친타올 등으로 감싸 둔다.

5
아이싱을 꽃받침 위에 조금 짠다.

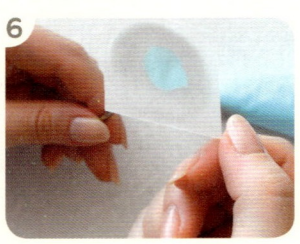

6
4cm×4cm로 자른 유산지를 붙인다.

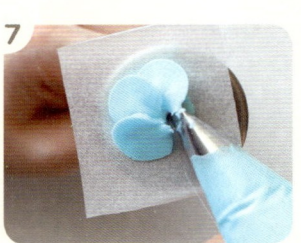

7
이 위에 꽃을 만든다. 꽃을 완성하면 유산지째로 떼어내서 그대로 말린다.

병에 넣어 보관하세요

꽃잎 5장짜리 꽃을 만든다(103번 모양 깍지 사용)

1

모양 깍지의 굵은 쪽을 아래로 가게 하여, 축이 되도록 꽃받침 가운데에 놓는다.

2

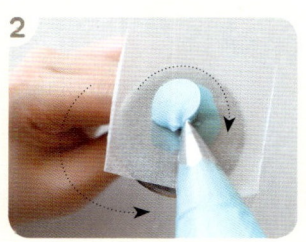

깍지 각도는 45도로 하고, 깍지 축은 움직이지 않고 내용물만 짠다. 동시에 꽃받침을 반대 방향으로 돌린다.

3

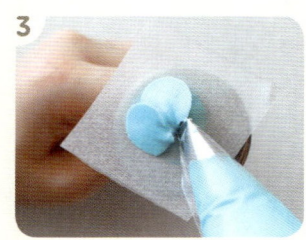

둘째 꽃잎부터는 앞의 꽃잎 뒤에 깍지를 맞대고 같은 방법으로 짜 준다.

4

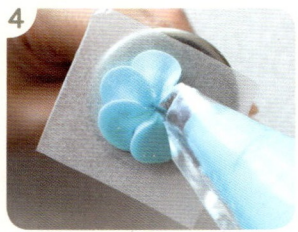

셋째 꽃잎, 넷째 꽃잎도 같은 방법으로 짜 준다.

5

마지막 다섯째 꽃잎은 축을 꽃받침에 놓지 않고 위로 띄워서 짜고, 짜낸 끝을 꽃잎 전체의 위로 가져 온다.

6

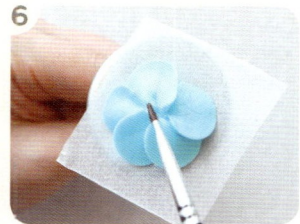

붓으로 가운데를 정리해 준다.

7

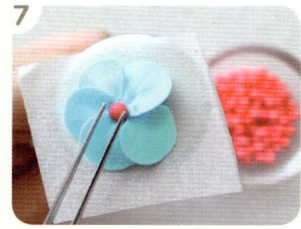

가운데에 큼직한 식용 구슬을 얹는다.

8

논파레일을 뿌려서 완성.

2단 꽃잎을 만든다(103번 모양 깍지 사용)

1

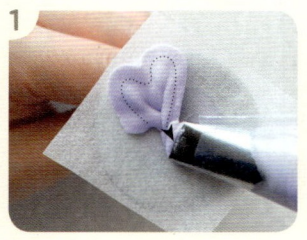

모양 깍지는 눕혀서 짠다. 꽃잎 1장을 짜는 사이에 조금 옴폭 파이도록 만든다.

2

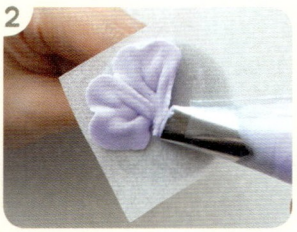

축은 고정하지 않고 둘째 꽃잎을 짠다.

3

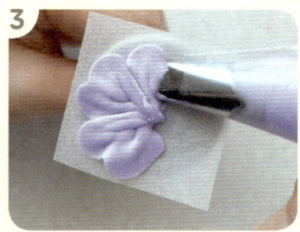

같은 방법으로 셋째 꽃잎을 짠다.

4

넷째 꽃잎도 같은 방법으로 짠다.

5

첫째 단의 마지막인 다섯째 꽃잎도 같은 방법으로 짠다.

6

윗단에 꽃잎을 겹쳐서 짠다. 둘째 단은 깍지를 조금 세워서 짜는 것이 포인트.

7

꽃잎 1장을 짜는 사이에 조금 옴폭 파이도록 만든다.

8

둘째 단은 꽃잎을 3장 짠다.

9

가운데를 붓으로 정리한다.

10

가운데에 식용 구슬과 논파레일을 뿌려서 완성.

데이지를 만든다(103번 모양 깍지 사용)

1 모양 깍지의 굵은 쪽을 꽃받침 가장자리에 맞춘다.

2 시작할 부분에 조금 짜고, 그대로 힘을 빼듯이 중심을 향해 긋는다.

3 같은 방법으로 꽃잎을 8장 짠다.

4 가운데를 붓으로 정리해 준다.

5 전체가 마르면 가운데에 노란색 아이싱을 짠다.

6 노란색 논파레일을 묻힌다.

7 붓으로 정리하여 완성.

PLUS TIP
꽃잎의 아이싱이 완전히 마르지 않으면 논파레일이 꽃잎에 파고드니까 반드시 아이싱을 완전히 말린 뒤에 논파레일을 묻혀 주세요.

장미를 만든다(18번 모양 깍지 사용)

1

꽃받침 가운데에 모양 깍지를 놓고 수
직으로 세워서 짜기 시작한다.

2

깍지를 조금 위로 들어서 가운데에서
부터 바깥쪽을 향해 소용돌이 모양으
로 짠다.

3

짜낸 끝 부분은 가운데에 합쳐 주어
스며들게 한다.

4

잎은 꽃 짜기용 아이싱을 짤주머니에
담아서 짠다.

5

잎을 2장 정도 장미에 덧붙이듯이 짜
주면 완성.

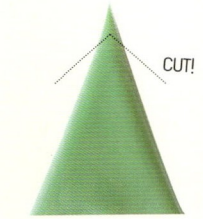

CUT!

POINT

잎을 그릴 때에는 짤주머니 끝을
세모꼴로 자른다.

Icing Cookies Recipe

만들고 싶은 모양의 쿠키 커터가 없을 때에는 알루미늄 판을 이용하여 직접 만들어 보세요.
쿠키 커터까지 손수 만들면 완전한 나만의 아이싱 쿠키가 완성되지요.
이 책에서 만든 모든 아이싱 쿠키의 종이본은 110쪽~127쪽에 있습니다.

재료를 준비한다

만들고 싶은 모양의 밑그림   접착제

알루미늄 판
두께 0.3mm
길이 약 30cm
너비 약 2cm

집게   자, 펜 등

PLUS TIP
알루미늄 판은 DIY용품 판매점 혹은 대형 문구점 등에서 구입할 수 있습니다.

알루미늄 판의 옆면에 손을 다치기 쉬우므로 조심해서 사용하세요.

직접 쿠키 커터를 만든다

1

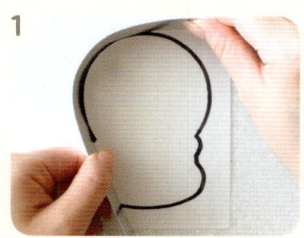

밑그림을 따라서 알루미늄 판을 놓고, 손으로 구부려 주며 모양을 만든다.

2

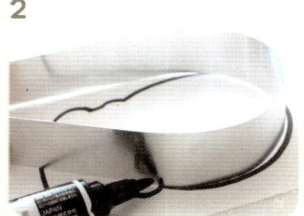

모양이 옴폭 들어간 부분에서는 펜으로 표시를 해 준다.

3

펜으로 표시한 곳에 자를 댄다.

4

펜으로 표시한 곳에서 자를 이용하여 판을 구부린다.

5

종이본에 대고 확인한다.

6

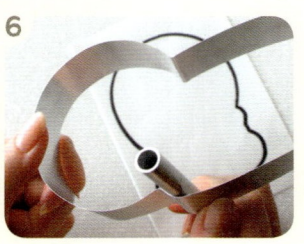

곡선 부분에는 가는 막대를 대고 자국을 남기며 모양을 만든다.

7

그때마다 밑그림에 대고 확인하며 만든다.

8

큰 곡선 부분에는 굵은 펜 등을 대고 구부린다.

9

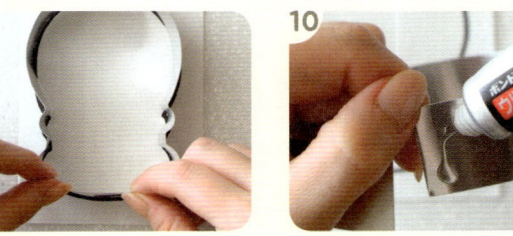

모양이 완성되면 접착면을 2cm쯤 남기고 나머지 부분은 가위로 잘라 낸다.

10

접착제를 칠해서 알루미늄 판을 겹쳐서 붙인다.

11

집게로 집어서 한동안 고정한다.

12

접착제가 완전히 마르면 커터를 씻고 소독한 뒤에 쿠키 커터로 사용한다.

PLUS TIP

이 쿠키 커터를 사용한 레시피는 98쪽에 있습니다. 종이본은 123쪽, 종이본으로 쿠키를 하나씩 만드는 방법은 17쪽에서 설명합니다.

icing cookies Q & A

아이싱 쿠키를 만들 때 자주 나오는 질문에 답했어요.

Q. 아이싱을 잘 바르는 포인트를 가르쳐 주세요!

A. 아이싱을 잘 마무리하는 요령은 아이싱 준비에서부터 시작됩니다.
아이싱을 잘 개서 만들면 윤기가 나서 마무리도 예쁘게 된답니다.
신선한 아이싱을 사용하는 것도 포인트예요. 아이싱의 사용기한에 주의하세요.

Q. 아이싱 쿠키를 맛있게 먹을 수 있는 기간은 며칠 정도인가요?

A. 완성한 아이싱 쿠키는 완전히 말려서 곧바로 건조제와 함께 포장봉투에 넣어서
열로 밀봉하는 것을 권합니다. 이 상태로는 약 3주 정도 보관할 수 있어요. 상온에서 보관하세요.

Q. 아이싱 쿠키 만들기에 필요한 재료는 어디에서 구입할 수 있나요?

A. 마트나 제과재료점, 인터넷 쇼핑몰에서도 구입할 수 있어요.
아래에 추천 사이트를 소개합니다.

[베이킹 몰] http://www.bakingmall.com
홈베이킹의 필요한 다양한 재료를 판매하고 있어요.

[렛츠베이킹] http://www.letsbaking.com
홈베이킹에 필요한 재료를 소분해 판매하는 것이 특징인 사이트예요.

[마이쿠키디어] http://www.mycookidea.com
다양한 종류의 쿠키 커터를 판매하는 사이트예요.
원하는 디자인의 쿠키 커터를 제작할 수도 있어요.

Part 2

여자아이들이 좋아하는 아기자기한

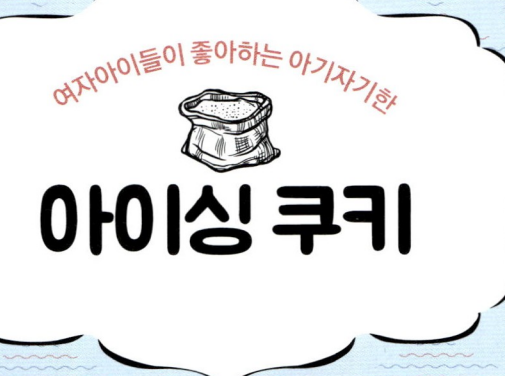

아이싱 쿠키

Girly icing cookies

알록달록 하트
아이싱 쿠키

단순한 하트 모양 아이싱 쿠키를 여러 가지 색으로 알록달록하게 꾸며 보세요.

재료

플레인 쿠키(종이본 123쪽, 124쪽)
정사각형 5cm
하트(중, 소)

아이싱(21쪽 색상표 참조)
6번(갈색)
25번(밝은 분홍)
26번(분홍)
33번(파랑)
45번(모스 그린)

기타 재료, 도구
없음

POINT

바탕을 봉긋하게 깔끔히 마무리하려면 흘려 넣을 아이싱의 물 조절이 중요합니다.

하트 만들기

1
하트 쿠키에 단단한 26번 아이싱으로 쿠키 모양을 따라 윤곽선을 그린다.

2
안쪽에 묽은 26번 아이싱을 붓으로 흘려 넣는다.

3
꼼꼼하게 마무리한다. 아이싱이 빠져 나오지 않도록 조심하며 천천히 작업한다. 다른 색도 같은 방법으로 만든다.

사각 하트 만들기

1
정사각형 쿠키 반죽에 커터로 하트 모양을 눌러서 굽는다.

2
하트의 윤곽선을 단단한 45번 아이싱으로 그린다.

3
사각형의 윤곽선을 단단한 25번 아이싱으로 그린다.

4
바깥쪽 사각형부터 묽은 25번 아이싱을 흘려 넣는다.

5
안쪽 하트 부분에 묽은 45번 아이싱을 흘려 넣는다.

6
꼼꼼하게 마무리한다. 다른 색도 같은 방법으로 만든다.

PLUS TIP

쿠키를 굽기 전에 하트 모양 커터로 모양을 눌러 줍니다. 반죽에 모양을 살짝 찍은 뒤에 구워서 아이싱으로 선을 그리는 데에 사용하세요.

43

물방울무늬
티 세트
아이싱 쿠키

조그만 티 세트 모티브 쿠키를
물방울무늬 아이싱으로 장식했어요!

재료

플레인 쿠키(종이본 110쪽)
찻주전자
찻잔
설탕 그릇
우유 그릇
스푼
포크
원형 4cm(종이본 124쪽)

아이싱(21쪽 색상표 참조)
10번(검정)
12번(빨강)
25번(밝은 분홍)
26번(분홍)
38번(청록)

기타 재료, 도구
없음

POINT

물방울무늬는 표면이 납작해지도록
웨트 온 웨트(31쪽 참조) 기법으로 재
빨리 만듭니다

찻주전자 만들기

1

찻주전자 모양 쿠키에 단단한 38번 아이싱으로 손잡이 부분과 윤곽선을 그린다.

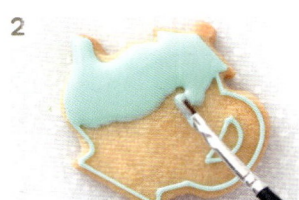

2

선 안쪽에 묽은 38번 아이싱을 붓으로 흘려 넣는다.

3

아이싱이 빠져 나오지 않도록 조심하며 꼼꼼히 작업한다.

4

3이 마르기 전에 짤주머니에 담은 묽은 25번 아이싱으로 물방울무늬를 그려 준다.

5

가장자리 부분에도 잊지 말고 무늬를 넣는다.

6

표면이 마르면 단단한 25번 아이싱으로 물방울무늬 선을 그린다.

7

손잡이 부분은 점을 큼직하게 짜서 완성한다.

PLUS TIP

같은 색 쿠키는 동시에 만들어 주세요.

그 외의 쿠키 만들기

그 외의 쿠키도 같은 방법으로 만듭니다.

PLUS TIP

웨트 온 웨트는 표면이 말라 버리면 무늬가 스며들지 않으므로, 무늬용 짤주머니는 아이싱을 흘려 넣기 전에 미리 준비해 둡니다.

모노톤 스타일 아이싱 쿠키

패션 아이콘을 위한 쿠키를 흰색과 검
정 아이싱으로 멋지게 만들었어요.

플레인 쿠키(종이본 111쪽)
드레스
꽃(꽃잎 8장)
리본
엠블럼
원형 5cm(종이본 124쪽)

아이싱(21쪽 색상표 참조)
1번 (흰색 ※로열 아이싱)
10번(검정)

기타 재료, 도구
논파레일(흰색, 검정)
하트 스프링클(흰색, 검정)
장미꽃 설탕 장식

POINT

퀼팅 부분은 가늘기 때문에 붓이 아니
라 짤주머니에 담은 아이싱으로 빈틈
없이 칠해 주세요.

퀼팅 무늬 쿠키 만들기

1
단단한 10번 아이싱으로 윤곽선을 그리고, 바둑판 모양이 되도록 교차선을 3줄씩 그린다.

2
중간 묽기의 10번 아이싱을 짤주머니에 담아서 사진에 보이는 부분에 흘려넣는다.

3
2의 표면이 어느 정도 마르면 아직 칠하지 않은 부분에 아이싱을 흘려넣는다.

4
표면이 마르면 옴폭 들어간 부분에 단단한 1번 아이싱으로 점을 짜 준다.

꽃 만들기

1
단단한 10번 아이싱으로 꽃잎에 1장씩 윤곽선을 그린다.

2
중간 묽기의 10번 아이싱을 흘려 넣고, 마르면 단단한 1번 아이싱으로 스티치 선을 넣는다.

3
2가 마르면 가운데 부분에 단단한 1번 아이싱을 짜 준다.

4
흰색 논파레일이 든 접시에 대고 논파레일을 붙인다.

5
붓으로 모양을 정리하여 완성.

그 외의 쿠키 만들기

1
리본은 웨트 온 웨트 기법으로 만든다. 1번 아이싱으로 윤곽선을 그리고, 아이싱을 흘려 넣는 동시에 10번 아이싱으로 줄무늬를 넣는다.

2
드레스는 10번 아이싱으로 원피스 부분을 만들고, 마르면 1번 아이싱으로 드레스 소매, 치맛단, 목걸이에 점선을 그려 준다.

3
또 다른 드레스 역시 1번과 10번 아이싱을 이용해 같은 방법으로 만든다. 치마 부분에 물방울무늬를 넣고, 가슴에 설탕 장식을 붙인다.

4
엠블럼은 10번 아이싱으로 만들고, 마르면 1번 아이싱으로 글자를 넣는다. 마지막에 스프링클을 장식하여 완성.

꽃무늬
아이싱 쿠키

웨트 온 웨트 기법으로 장미 무늬를
그려 넣은 고상하고 우아한 디자인의
아이싱 쿠키예요.

재료

플레인 쿠키(종이본 111쪽, 112쪽)
물결 무늬 원형 4cm
물결 무늬 원형 6cm
물결 무늬 직사각형
물결 무늬 정사각형
물결 무늬 타원형

아이싱(21쪽 색상표 참조)
1번 (흰색 ※로열 아이싱)
12번(빨강)
28번(앤티크 핑크)
29번(어두운 분홍)
35번(밝은 앤티크 블루)
36번(앤티크 블루)
41번(초록)
44번(밝은 모스 그린)

기타 재료, 도구
대나무 꼬치

POINT

무늬 색깔과 가짓수가 많으니 바탕
이 마르기 전에 빠르게 작업을 진행
하세요.

장미 그림 쿠키 만들기

1

단단한 1번, 28번, 35번 아이싱으로 윤곽선을 그린다.

2

묽은 1번 아이싱은 컵에, 묽은 12번, 28번, 41번, 44번 아이싱은 짤주머니에 담아서 준비한다.

3

묽은 1번 아이싱을 안에 흘려 넣고, 마르기 전에 가운데에 묽은 28번 아이싱으로 원형을 그린다.

4

3의 원 위에 묽은 12번 아이싱으로 선을 몇 개 그린다.

5

마르기 전에 대나무 꼬치로 두 가지 색 아이싱을 소용돌이를 그리듯이 덧그린다.

6

깊은 처음에 44번 아이싱을 얹는다.

7

6의 아이싱 위에 겹쳐서 41번 아이싱을 얹는다.

8

41번과 44번 아이싱을 대나무 꼬치로 바깥쪽을 향해 끝이 뾰족해지도록 덧그린다.

9

표면이 마르면, 가장자리에 아이싱으로 눈물 모양을 방향이 교대가 되도록 짜서 둘러싼다.

10

다른 모양 쿠키에도 같은 방법으로 장미를 그린다.

장미 무늬 쿠키 만들기

1

35번 아이싱으로 바탕을 만들고, 마르기 전에 28번, 그 위에 12번 아이싱으로 무늬를 넣는다.

2

위와 같은 방법으로 두 가지 색 아이싱으로 작은 장미를 그리고 대나무 꼬치로 덧그려서 스며들게 한다.

3

44번, 41번 아이싱을 겹쳐서 잎 무늬를 넣는다.

PLUS TIP

무늬는 가장자리까지 꼼꼼하게 그려 준다.

화장품 세트
아이싱 쿠키

파우치 내용물 같은 아기자기한 화장
품을 아이싱 쿠키로 만들었어요.

재료

플레인 쿠키(종이본 112쪽)
립스틱
매니큐어 병
향수병
손거울
정사각형 6cm(종이본 124쪽)

아이싱(21쪽 색상표 참조)
1번(흰색 ※로열 아이싱)
3번(베이지)
6번(갈색)
9번(회색)
10번(검정)
25번(밝은 분홍)
27번(꽃분홍)

기타 재료, 도구
컬러 슈거(분홍, 갈색)
리본(검정)

POINT

컬러 슈거를 붙일 때에는 가장자리 아
이싱이 완전히 말랐는지 확인하는 것
을 잊지 마세요.

50

팔레트와 손거울 만들기

1 쿠키 반죽은 굽기 전에 안내선을 눌러 준 뒤에 굽는다. 손거울은 손잡이 부분에 빨대로 구멍을 뚫어 둔다.

2 팔레트에는 단단한 10번 아이싱으로 바깥 테두리와 안쪽의 원 4개에 선을 그린다. 손거울에는 단단한 25번과 9번 아이싱으로 선을 그린다.

3 팔레트 안쪽에 묽은 10번 아이싱을 붓으로 흘려 넣는다.

4 아이싱이 완전히 마르면 단단한 25번 아이싱을 원 안에 짜 준다.

5 색에 맞춰서 컬러 슈거를 붙이고 붓으로 모양을 정리한다.

6 다른 색(27번, 3번, 6번) 아이싱도 각각 원 안에 짜고 그 색에 맞는 컬러 슈거를 붙인다.

7 손거울 역시 바깥쪽에서부터 차례대로 묽은 25번과 9번 아이싱을 흘려 넣는다.

8 표면이 마르면 단단한 10번 아이싱으로 위아래에 무늬를 넣고, 거울 부분에도 단단한 1번 아이싱으로 선을 그려 준다.

향수병 만들기

1 단단한 25번 아이싱으로 안쪽 엠블럼과 바깥쪽에 선을 그리고, 바깥쪽에서부터 차례대로 묽은 25번과 1번 아이싱을 흘려 넣는다.

2 단단한 10번 아이싱으로 엠블럼 가장자리에 선을, 단단한 27번 아이싱으로 가운데에 글자를 넣고, 윗부분에 컬러 슈거를 붙여서 완성한다.

매니큐어 병 만들기

1 같은 방법으로 아이싱을 흘려 넣고, 마르면 단단한 27번 아이싱을 하트 모양으로 짜 준다.

2 하트에 컬러 슈거를 붙이고, 단단한 아이싱으로 장식하여 마무리한다.

립스틱 만들기

1 같은 방법으로 아이싱을 흘려 넣고, 립스틱 부분에 단단한 27번 아이싱을 짜 준다.

2 분홍 컬러 슈거를 붙이고 붓으로 모양을 정리한다.

컵케이크
아이싱 쿠키

초콜릿과 크림을 아이싱으로 표현해
맛있어 보이는 컵케이크 쿠키를 만들
어 보세요.

재료

플레인 쿠키(종이본 112쪽)
컵케이크

아이싱(21쪽 색상표 참조)
1번(흰색 ※로열 아이싱)
6번(갈색)
12번(빨강)
25번(밝은 분홍)
30번(노란 분홍)
32번(밝은 파랑)

기타 재료, 도구
장식하고 싶은 스프링클

POINT

다양한 종류의 스프링클을 사용하면
알록달록한 장식을 즐길 수 있어요.

컵케이크 만들기

1

단단한 1번 아이싱과 32번 아이싱으로 윤곽선을 그린다.

2

컵 부분에 묽은 1번 아이싱을 흘려 넣는다.

3

아이싱이 굳어지기 전에 웨트 온 웨트 기법으로 25번 아이싱으로 물방울무늬를 넣는다.

4

묽은 32번 아이싱을 컵 윗부분에 흘려 넣는다.

5

아이싱이 굳어지기 전에 스프링클을 올린다.

6

표면이 마르면 단단한 1번 아이싱으로 컵에 세로로 선을 넣는다.

PLUS TIP
흘려 넣은 아이싱이 너무 묽으면 스프링클이 잠겨 버리므로 아이싱 묽기에 주의합니다.

7

단단한 12번 아이싱으로 체리가 되도록 큼직하게 점을 짜서 얹어 준다.

8

단단한 1번 아이싱으로 체리에 반짝이는 선을 넣어 준다.

변형하기

1

그 외의 쿠키도 같은 방법으로 만들고, 원하는 스프링클을 얹는다.

2

컵 부분에 반원을 그리면 레이스 무늬를 만들 수 있다.

3

중간 묽기의 25번 아이싱으로 흘러내리는 크림을 표현한다.

피크닉
아이싱 쿠키

과일과 꽃, 체크무늬 냅킨으로 피크닉
분위기를 내 볼까요?

재료

플레인 쿠키(종이본 113쪽)
체리
꽃(꽃잎 6장)
나뭇잎
정사각형 6cm(종이본 124쪽)
원형 5cm(종이본 124쪽)

아이싱(21쪽 색상표 참조)
1번(흰색 ※로열 아이싱)
11번(밝은 빨강)
12번(빨강)
20번(노랑)
22번(주황)
40번(밝은 초록)
41번(초록)

기타 재료, 도구
컬러 슈거(주황, 노랑)

POINT

가는 부분에 흘려 넣는 아이싱은 짤주
머니로 꼼꼼하게 넣어 주세요.

54

체크무늬 냅킨 만들기

1
단단한 1번 아이싱으로 정사각형에 가로세로로 5칸씩 생기도록 구분선을 그린다.

2
사진에 보이는 자리의 칸에 중간 묽기의 12번 아이싱을 짤주머니로 흘려 넣는다.

3
사진에 보이는 자리의 칸에 중간 묽기의 11번 아이싱을 짤주머니로 흘려 넣는다.

4
사진에 보이는 자리의 칸에 중간 묽기의 1번 아이싱을 짤주머니로 흘려 넣어서 완성한다.

꽃 만들기

1
1번 아이싱으로 바탕을 만들고 완전히 마르면 단단한 20번 아이싱을 가운데에 짜 준다.

2
컬러 슈거를 붙이고 붓으로 모양을 정리한다.

오렌지 만들기

1
22번 아이싱으로 바탕을 만들고, 마르면 단단한 22번 아이싱으로 선을 그린다.

2
단단한 1번 아이싱으로 씨를 눈물 모양으로 짜 준다.

3
완전히 마르면 단단한 22번 아이싱으로 가장자리에 굵은 선을 그린다.

4
가장자리에 컬러 슈거를 붙이고 붓으로 모양을 정리하여 완성한다.

체리 만들기

1
체리 열매 부분에 단단한 12번 아이싱으로 윤곽선을 그린다.

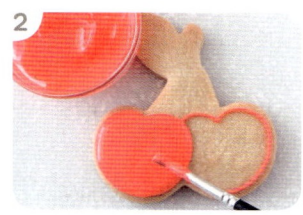
2
묽은 12번 아이싱을 한쪽에서부터 순서대로 칠한다.

3
2의 표면이 어느 정도 마르면 반대쪽 부분에 같은 색 아이싱을 흘려 넣는다.

4
단단한 40번 아이싱으로 줄기 부분과 잎 부분을 그리고, 단단한 1번 아이싱으로 반짝이는 선을 그려서 완성한다.

파리 모티브
아이싱 쿠키

삼색기에 에펠 탑, 인기 만점인 파리
모티브를 즐겨 볼까요.

재료

플레인 쿠키(종이본 113쪽)
에펠 탑
를리지외즈
푸들
하트(중, 소 / 종이본 123쪽)
물결 무늬 정사각형(종이본 112쪽)

아이싱(21쪽 색상표 참조)
1번(흰색) ※로열 아이싱
7번(모카)
10번(검정)
12번(빨강)
18번(앤티크 퍼플)
26번(분홍)
28번(앤티크 핑크)
33번(파랑)

기타 재료, 도구
코코넛 가루
모양 깍지(17S)
＊모양 깍지 17S ⋯⋯ 16번으로 대체가능

POINT

에펠 탑을 그릴 때에는 가는 아이싱으
로 꼼꼼하게 순서대로 그려 줍니다.

롤리지외즈 만들기

1

단단한 18번 아이싱으로 윤곽선을 그린다.

2

묽은 18번 아이싱을 흘려 넣는다. 단단한 1번 아이싱을 17S번 깍지를 끼운 짤주머니에 담아서 사이와 끝 부분에 위를 향해서 짜 준다.

우표 만들기

1

28번 아이싱으로 바탕을 만든 뒤에 단단한 10번 아이싱으로 그림을 그린다.

하트 만들기

1

33번, 1번, 12번, 이렇게 세 가지 색 아이싱을 각각 윤곽선 ⋯▶ 흘려 넣기 순으로 마무리한다.

2

마르면 단단한 10번 아이싱으로 하트에 선을 그린다.

3

18번 아이싱으로 바탕을 만든 뒤에 단단한 1번 아이싱으로 글자를, 단단한 26번 아이싱으로 가장자리에 점선을 넣는다.

에펠 탑 만들기

1

7번 아이싱으로 바탕을 만들어서 말린다. 단단한 10번 아이싱으로 에펠 탑 끝 부분과 옆면의 선을 그린다.

2

위에서부터 세로선을 4줄 그린다.

3

2의 선 사이에 탑의 골조 선을 고르게 그려 준다.

4

아래까지 다 그리면 가장 밑에는 아치 모양으로 선을 그린다.

푸들 만들기

1

1번 아이싱으로 바탕을 만들어서 완전히 말린 뒤에 단단한 1번 아이싱을 몸통 부분에 짜 준다.

2

마르기 전에 코코넛 가루를 붙인다.

3

붓으로 모양을 정리한다.

4

단단한 10번 아이싱으로 얼굴을 그린다.

사탕
아이싱 쿠키

자그마한 쿠키로 사탕과 마시멜로를
만들어요. 병에 채워 놓아도 깜찍하죠.

재료

플레인 쿠키(종이본 123쪽, 124쪽)
원형 3cm
원형 4cm
정사각형 3cm
직사각형(세로 3cm)
하트(중)
둥근 하트

아이싱(21쪽 색상표 참조)
1번(흰색 ※로열 아이싱)
12번(빨강)
15번(밝은 보라)
19번(밝은 노랑)
25번(밝은 분홍)
32번(밝은 파랑)

기타 재료, 도구
컬러 슈거(노랑, 분홍, 보라)
믹스컬러 논파레일

POINT

아이싱 컬러를 좀 적게 넣어서 부드러
운 파스텔컬러로 만들어 보세요.

네모 쿠키 만들기

1

1번 아이싱으로 모서리 부분 이외의 바탕을 만들고, 완전히 마르면 빈 부분에 단단한 1번 아이싱을 짜 준다.

2

마르기 전에 믹스컬러 논파레일을 붙이고 모양을 다듬는다.

3

직사각형은 1번 아이싱으로 바탕을 만들고, 단단한 15번과 25번 아이싱으로 줄무늬를 그린다.

둥근 미니 사탕 만들기

1

단단한 15번 아이싱을 전체에 짜 준다.

2

마르기 전에 보라색 컬러 슈거를 붙인다.

3

붓으로 모양을 정리한다.

둥근 사탕 만들기

1

단단한 1번 아이싱으로 윤곽선을 그리고 가운데에서 바깥쪽으로 선을 그려 준다.

2

중간 묽기의 25번 아이싱을 1칸씩 건너뛰며 흘려 넣는다.

3

중간 묽기의 32번 아이싱을 색이 교대가 되도록 흘려 넣는다. 모든 면을 칠해서 완성한다.

PLUS TIP

바탕을 흘려 넣을 때에 면적이 좁은 면에는 묽은 아이싱이 아니라 중간 묽기 아이싱을 사용합니다.

그 외의 사탕 만들기

1

하트 사탕은 32번 아이싱으로 바탕을 만들고, 단단한 1번 아이싱으로 반짝이는 선을 그린다.

2

소용돌이 둥근 사탕은 32번 아이싱으로 바탕을 만들고, 단단한 25번 아이싱으로 소용돌이를 그린다.

표범무늬
아이싱 쿠키

멋쟁이들이 사랑하는 표범무늬! 분홍
색과 조합하여 화사하면서도 강렬한
이미지로 마무리해 주세요.

플레인 쿠키(종이본 114쪽)
핸드백(리본 모양을 눌러 준다)
하이힐
원형 5cm(하트 무늬를 눌러 준다 / 종이본 124쪽)
하트(대, 중 / 종이본 123쪽)

아이싱(21쪽 색상표 참조)
3번(베이지)
6번(갈색)
10번(검정)
25번(밝은 분홍)
29번(어두운 분홍)

기타 재료, 도구
없음

POINT

표범무늬는 웨트 온 웨트 기법(31쪽
참조)으로 바탕이 마르기 전에 재빨리
무늬를 그립니다.

60

하트 만들기

1
단단한 3번 아이싱으로 윤곽선을 그린다.

2
묽은 3번 아이싱은 컵에, 묽은 6번, 10번 아이싱은 짤주머니에 담아서 준비한다.

3
묽은 3번 아이싱을 흘려 넣는다.

4
곧바로 묽은 6번 아이싱으로 자유롭게 무늬를 넣어 준다.

5
4의 무늬를 묽은 10번 아이싱으로 감싸듯이 무늬를 그린다.

6
묽은 10번 아이싱으로 사이의 빈 부분에 물방울무늬를 넣어서 무늬의 균형을 맞춰 준다.

7
표면이 마르면 단단한 25번 아이싱으로 물방울무늬를 그려서 하트 주위를 감싸 준다.

핸드백 만들기

1
리본 모양을 찍어서 구운 쿠키에 단단한 3번과 29번 아이싱으로 윤곽선을 그린다. 리본에 묽은 29번 아이싱을 흘려 넣는다.

2
하트 쿠키와 같은 방법으로 표범무늬를 그리고, 손잡이 부분에 단단한 25번 아이싱으로 크게 물방울무늬를 짜 준다.

3
리본의 점선을 단단한 29번 아이싱으로 그려서 완성한다.

원&하트 만들기

1
단단한 29번 아이싱과 3번 아이싱으로 윤곽선을 그린다.

2
바깥쪽에서부터 순서대로 묽은 29번과 3번 아이싱을 흘려 넣는다.

3
하트 부분에 표범무늬를 그린다.

4
표면이 마르면 단단한 25번 아이싱으로 물방울무늬를 그려서 하트 주위를 감싸 준다.

Part 3

선물과 기념일을 위한

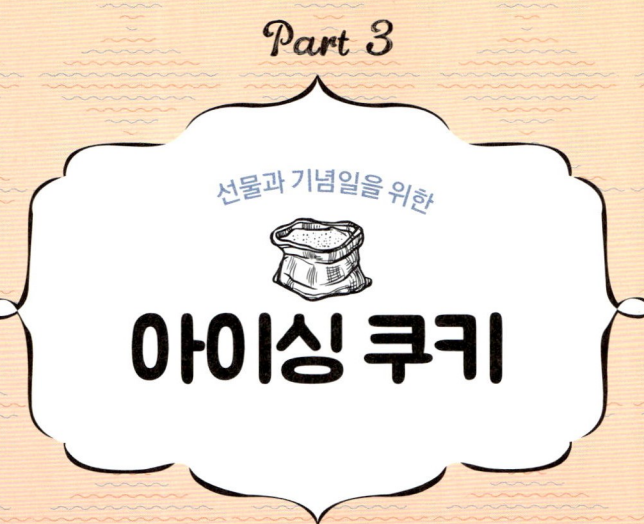

아이싱 쿠키

Gift & Seasonal icing cookies

크리스마스
아이싱 쿠키

크리스마스가 기다려지는 아이싱 쿠키예요. 파랑을 포인트 컬러로 사용하여 차분한 분위기를 내 봤답니다.

재료

플레인 쿠키(종이본 114, 115쪽)
진저맨 쿠키
집
눈사람
사탕
지팡이
양말
순록
하트 7cm(종이본 123쪽)
원형 5cm(종이본 124쪽)

아이싱(21쪽 색상표 참조)
1번(흰색 ※로열 아이싱)
5번(밝은 갈색)
6번(갈색)
10번(검정)
13번(어두운 빨강)
22번(주황)
34번(어두운 파랑)
36번(앤티크 블루)
38번(청록)

기타 재료, 도구
컬러 슈거(빨강)
대나무 꼬치

POINT

쿠키를 포장하여 끈을 달면 131쪽처럼 크리스마스트리 장식으로도 이용할 수 있어요.

집 만들기

1

단단한 1번과 6번 아이싱으로 윤곽선을 그리고 바탕을 만든다. 문 부분은 중간 묽기의 38번 아이싱을 짤주머니로 직접 칠한다.

2

눈 결정, 점선, 사탕 지팡이 등을 그려서 장식한다.

하트 만들기

1

1번 아이싱으로 바탕을 만들고 단단한 13번 아이싱으로 테두리를 그린 뒤에 단단한 36번 아이싱으로 글자를 쓴다.

사탕 만들기

1

둥근 부분에 1번 아이싱을 흘려 넣고 마르기 전에 13번 아이싱으로 웨트 온 웨트 기법으로 선을 4줄 넣는다.

2

가르기 전에 가운데에서부터 대나무 꼬치로 선을 둥글게 돌리듯 덧그려 준다.

3

옆 부분은 38번과 1번 아이싱으로 마무리한다.

원 만들기

1

13번 아이싱으로 바탕을 만들고, 5번, 38번, 1번 아이싱으로 선을 교대로 그려서 체크무늬를 만든다.

2

선이 겹쳐진 부분은 습기 있는 붓으로 살짝 눌러 준다.

지팡이 만들기

1

1번 아이싱을 같은 간격으로 사이를 띄워서 칠하고 말린다.

2

1이 마르면 13번 아이싱을 그 사이에 짜고 컬러 슈거를 붙인다.

그 외의 쿠키 만들기

1

순록은 5번 아이싱으로 바탕을 만들고, 13번 아이싱으로 코를, 10번 아이싱으로 눈과 입을, 6번 아이싱으로 뿔을 그린다. 22번과 38번 아이싱으로는 장식을 한다.

2

양말은 13번과 34번 아이싱으로 바탕을 만들고, 22번 아이싱으로 스티치 선을, 1번 아이싱으로 눈 결정을 그린다.

3

눈사람은 몸을 1번 아이싱으로, 모자를 34번 아이싱으로 바탕을 칠하고, 22번 아이싱으로 코를, 13번 아이싱으로 단추를, 10번 아이싱으로 눈과 입을 그린다.

4

진저맨 쿠키는 6번 아이싱으로 바탕을 칠하고, 1번, 13번, 10번 아이싱으로 물결선과 얼굴을 그린다.

입체
크리스마스 음료
아이싱 쿠키

크리스마스 시즌 음료를 입체 쿠키로
만들어 보았어요. 산타 할아버지도 아
마 깜짝 놀랄걸요?

재료

플레인 쿠키(종이본 115쪽)
크림 머그잔
카페라테 컵
머그잔
미니 선물
스푼(종이본 110쪽)
원형 4cm(종이본 124쪽)
원형 10cm(종이본 124쪽)

아이싱(21쪽 색상표 참조)
1번(흰색 ※로열 아이싱)
6번(갈색)
12번(빨강)
41번(초록)

기타 재료, 도구
칼
논파레일(크리스마스 믹스)

POINT

쿠키를 조립할 때에 접착면을 반듯하
게 다듬어 두면 단단하게 고정할 수 있
어요.

쿠키 준비

1

다 구운 쿠키에서 바닥이 될 부분을 칼로 반듯하게 다듬는다.

크림 머그잔 만들기

1

12번과 6번 아이싱으로 바탕을 만든다. 가는 부분을 그릴 때에는 짤주머니에 담은 아이싱을 사용한다.

2

크림 부분에 1번 아이싱을 흘려 넣고 마르기 전에 논파레일을 뿌려 준다.

3

중간 묽기의 1번과 12번 아이싱을 짤주머니에 담아서 손잡이 부분에 교대로 짠다.

4

단단한 1번 아이싱으로 글자를 넣는다.

카페라테 컵 만들기

1

1번, 6번, 12번, 41번 아이싱을 이용해 같은 방법으로 만든다.

머그잔 만들기

1

1번과 12번 아이싱으로 윤곽선을 그리고 바탕을 만든다. 코코아 부분은 6번 아이싱을 흘려 넣는다.

2

6번 아이싱이 마르기 전에 웨트 온 웨트 기법으로 묽은 1번 아이싱으로 소용돌이를 그린다.

3

단단한 12번 아이싱으로 컵 테두리 선과 물방울무늬를 넣고, 단단한 41번과 12번 아이싱으로 호랑가시나무를 그린다.

미니 쿠키 만들기

1

미니 쿠키에도 같은 방법으로 장식한다.

쿠키 조립하기

1

받침 부분이 될 원형 아이싱 쿠키도 같은 방법으로 만들어서 완전히 말려 둔다.

2

쿠키가 완전히 말랐는지 확인한 뒤에 머그잔 쿠키의 바닥 부분에 단단한 1번 아이싱을 짜 준다.

3

받침 쿠키에 수직으로 세워서 몇 분 동안 손으로 누르며 완전하게 고정한다. 그대로 한나절 이상 말려서 접착시킨다.

장식
코코아 쿠키

코코아 쿠키에 아이싱으로 직접 장식
해요! 다 같이 모여서 즐겁게 만들어
볼까요?

재료

플레인 쿠키(종이본 116쪽)
진저맨
진저걸
긴 지팡이
오너먼트
크리스마스트리
양말
집
눈 결정
물결 무늬 타원형(종이본 111쪽)

아이싱(21쪽 색상표 참조)
1번(흰색 ※로열 아이싱)
12번(빨강)
41번(초록)
44번(밝은 모스 그린)

기타 재료, 도구
크리스마스 논파레일
식용 구슬(빨강, 초록, 금색)
설탕

POINT

좋아하는 장식 재료로 글자나 무늬도
다양하게 변형해 보세요. 모두 단단한
아이싱을 사용합니다.

진저맨 & 진저걸 만들기

1
코코아 쿠키를 굽는다(분량은 16쪽 참조).

2
진저맨은 단단한 1번 아이싱으로 얼굴과 선을 그리고 배에 구슬(빨강, 초록)을 장식한다.

3
진저걸은 단단한 12번 아이싱으로 옷의 선을 그리고, 41번 아이싱으로 리본을, 1번 아이싱으로 점선과 얼굴을 그린다.

집 만들기

1
지붕 부분에 단단한 1번 아이싱을 짜 준다.

2
아이싱이 마르기 전에 논파레일을 붙인다.

3
단단한 1번, 12번, 41번 아이싱으로 창문, 문, 리스를 그린다.

눈 결정 만들기

1
단단한 1번 아이싱으로 선을 그린다.

2
선이 마르기 전에 설탕 속에 넣어서 쿠키 전체에 붙인다.

크리스마스 소품 만들기

1
긴 지팡이는 단단한 1번 아이싱으로 테두리에 선을 그리고, 12번과 41번 아이싱을 더해서 선을 교대로 그려 준다.

2
물결 무늬 원형은 단단한 12번과 41번 아이싱으로 글자를 쓴다.

3
오너먼트는 단단한 1번과 12번 아이싱으로 무늬를 넣어 준다.

4
양말은 단단한 12번과 1번 아이싱으로 테두리와 스티치 선을 그린다. 단단한 41번 아이싱으로 호랑가시나무 그림을 그리고 구슬(빨강)을 붙인다.

5
크리스마스트리는 41번 아이싱으로 선을 교대로 그리고, 그 사이에 구슬(빨강)을 12번 아이싱으로 붙인다.

쿠키 상자에
담은
아이싱 쿠키

쿠키로 만든 상자 안에는 무엇이 들었
을까요? 초콜릿? 쿠키? 즐거움이 가득
담긴 선물이랍니다.

재료

플레인 쿠키(종이본 124쪽)
[상자 뚜껑, 바닥]
정사각형 8.5cm 2개
[상자 뚜껑 손잡이]
원형 2.5cm 2개
[상자 옆면]
직사각형 6cm×8cm 2개
직사각형 6cm×7cm 2개
[초콜릿](종이본 112쪽, 123쪽)
하트 (중)
둥근 하트
물결 무늬 직사각형
물결 무늬 정사각형
물결 무늬 타원형

아이싱(21쪽 색상표 참조)
1번(흰색 ※로열 아이싱)
2번(오프화이트)
4번(황갈색)
5번(밝은 갈색)
6번(갈색)
8번(어두운 갈색)
12번(빨강)
28번(앤티크 핑크)

기타 재료, 도구
없음

POINT

상자 쿠키의 접착면은 반듯하게 다듬
어서 붙인 뒤에 단단하게 말려 두세요.

판자 쿠키 만들기

1

상자 옆면과 뚜껑이 될 쿠키 5개에 단단한 28번 아이싱으로 윤곽선을 그리고 바탕을 흘려 넣는다.

2

바탕이 마르면 단단한 1번 아이싱으로 레이스 무늬를 넣는다.

3

뚜껑 쿠키에는 단단한 1번 아이싱으로 가장자리를 쉘 짜기(27쪽 참고)로 장식한다.

4

바닥 이외의 쿠키 5개를 같은 방법으로 만든다.

5

1번 아이싱을 칠한 원형 쿠키 2개를 겹친 것을 뚜껑 쿠키의 한가운데에 붙인다.

상자 조립하기

1

접착면에 단단한 아이싱을 짜 준다.

2

쿠키를 똑바로 고정하며 조립한다.

3

접착이 끝나면 몇 분 동안 손으로 눌러서 단단하게 고정한다. 그대로 한나절 이상 말린다.

초콜릿 아이싱 쿠키 만들기

1

6번, 8번, 5번, 4번 아이싱으로 바탕을 칠해 둔다.

2

아이싱을 비스듬하게 짜서 초콜릿 분위기가 나도록 장식한다.

3

선이나 글자를 넣어서 장식한다. 딸기 소스는 12번 아이싱, 화이트 초콜릿은 2번 아이싱으로 표현한다.

밸런타인 데이 아이싱 팝쿠키

메시지에 내 마음을 가득 담아 보아요.
Happy Valentine's Day!

재료

플레인 쿠키(종이본 123쪽)
하트(대)

아이싱(21쪽 색상표 참조)
1번(흰색 ※로열 아이싱)
12번(빨강)
26번(분홍)
32번(밝은 파랑)

기타 재료, 도구
종이 빨대

1

각 쿠키에 바탕을 흘려 넣고 그대로
말린 뒤에 메시지를 쓴다.

2

종이 빨대 끝을 조금 눌러서 찌그러뜨
린다.

3

쿠키 뒤에 아이싱을 짜 주고, 종이 빨대를 얹어서 그대로 한나절 이상 말린다.

할로윈 변신용 아이싱 팝쿠키

쿠키로 대변신?! 할로윈 파티 분위기가 한층 더 재미있어질 거예요.

재료

플레인 쿠키(종이본 117쪽)
호박
이빨
수염
돼지 코
호박 입
강아지 코

아이싱(21쪽 색상표 참조)
1번(흰색 ※로열 아이싱)
3번(베이지)
10번(검정)
12번(빨강)
22번(주황)
30번(노란 분홍)

기타 재료, 도구
롤리팝 스틱

1

쿠키는 롤리팝 스틱을 꽂아서 굽는다. 바탕을 흘려 넣은 뒤에 완전히 말린다.

2

바탕이 다 마르면 아이싱으로 선과 무늬를 그려 준다.

PLUS TIP
롤리팝 스틱에 할로윈 컬러 마스킹테이프를 감아 주면 훨씬 더 귀여워요.

일본풍
아이싱 쿠키

여자아이들을 위한 축제인 히나마쓰
리를 주제로, 봄 분위기가 물씬 나는
아이싱 쿠키를 만들었어요. 일본의 축
제 분위기와 계절 느낌을 즐겨 보세요.

재료

플레인 쿠키(종이본 118쪽, 124쪽)
원형 3cm
원형 4cm
벚꽃
매화

아이싱(21쪽 색상표 참조)
1번(흰색 ※로열 아이싱)
6번(갈색)
10번(검정)
12번(빨강)
18번(앤티크 퍼플)
20번(노랑)
22번(주황)
23번(주홍)
24번(살구색)
25번(밝은 분홍)
28번(앤티크 핑크)
29번(어두운 분홍)
44번(밝은 모스 그린)

기타 재료, 도구
없음

POINT

아이싱 컬러에 갈색을 조금 섞으면 일
본의 전통 색감을 낼 수 있어요.

＊**히나마쓰리** 3월 3일에 여자아이들을 위해 여는 일본의 축제

바탕 만들기

1

남자 인형은 단단한 10번, 24번, 18번 아이싱으로, 여자 인형은 단단한 10번, 24번, 23번 아이싱으로 윤곽선을 그린다.

2

벚꽃은 25번, 매화는 29번, 원형은 28번과 44번 아이싱으로 윤곽선을 그린다.

3

윤곽선과 같은 색으로 바탕을 흘려 넣어서 완전히 말린다.

남자 인형과 여자 인형 만들기

1

옷깃 부분에 단단한 44번, 20번, 25번 아이싱 세 가지 색깔을 겹쳐서 선을 그린다.

2

단단한 20번 아이싱으로 부채를 그린다.

3

단단한 25번 아이싱으로 옷의 무늬를 그린다.

4

단단한 28번과 10번 아이싱으로 표정을 그린다.

5

남자 인형도 같은 방법으로 22번, 25번, 44번 아이싱으로 옷깃의 선, 6번과 1번 아이싱으로 옷의 무늬를 넣어서 마무리한다.

벚나무 만들기

1

44번 아이싱으로 바탕을 만들고, 단단한 6번 아이싱으로 벚나무 가지를 그린다.

2

단단한 28번 아이싱으로 점을 4개 짜고, 그 가운데에는 20번 아이싱으로 점을 1개 짜서 작은 벚꽃을 표현한다.

그 외의 쿠키 만들기

1

원형에 1번 아이싱으로 바탕을 만들고, 단단한 29번 아이싱으로 '히나마쓰리'라는 글자를 쓴다. 단단한 44번 아이싱으로 가장자리를 점선으로 둘러 준다.

2

공은 28번 아이싱으로 바탕을 만들고, 단단한 1번과 44번 아이싱으로 위에서부터 세로로 선을 넣는다. 위아래에 22번 아이싱으로 점을 짜 준다.

3

벚꽃은 25번, 매화는 29번 아이싱을 이용해 같은 방법으로 만들고, 단단한 22번과 20번 아이싱으로 꽃잎을 그린다.

여자아이
생일 파티
아이싱 쿠키

공주, 드레스, 분홍색! 여자아이들이
좋아하는 것으로 가득 찬 깜찍한 세트
예요.

재료

플레인 쿠키(종이본 118쪽)
리본
왕관
3단 케이크
드레스
하트(대, 소 / 종이본 123쪽)
숫자(종이본 127쪽)

아이싱(21쪽 색상표 참조)
1번(흰색 ※로열 아이싱)
15번(밝은 보라)
16번(보라)
20번(노랑)
25번(밝은 분홍)
26번(분홍)
27번(꽃분홍)
41번(초록)
43번(연두)

기타 재료, 도구
컬러 슈거(분홍)
하트 스프링클

POINT

같은 색감 아이싱이라도 어둡고 밝은
정도를 구분하면 통일감 있게 만들어
진답니다.

드레스 만들기

1

1번, 25번, 26번 아이싱 세 가지 색으로 바탕을 만든다.

2

단단한 27번과 1번 아이싱으로 점선과 레이스 선을 넣는다.

3

드레스 가운데에 단단한 27번과 41번 아이싱으로 장미 장식을 만든다(29쪽 참조).

하트 만들기

1

작은 하트는 바탕을 43번, 장미를 25번과 41번 아이싱으로 만들고, 단단한 26번 아이싱으로 테두리에 곡선을 넣는다.

2

큰 하트는 15번 아이싱으로 바탕을 만들고, 단단한 27번 아이싱으로 글자를 쓴다. 하트 가장자리에 단단한 1번 아이싱으로 쉘 짜기를 해서 장식한다.

리본 만들기

1

26번 아이싱으로 바탕을 만들어서 말리고, 단단한 1번 아이싱을 둥글게 짠다.

2

29쪽의 방법으로 1번, 16번, 25번 아이싱으로 장미를 만든다.

3

단단한 41번 아이싱으로 잎, 20번 아이싱으로 점선을 넣는다.

그 외의 소품 만들기

1

케이크는 15번 아이싱으로 바탕을 만들고, 25번, 16번, 41번 아이싱으로 장미를 장식한다. 단단한 27번 아이싱으로 아치 모양 선을 넣고, 케이크 위에 단단한 1번 아이싱으로 왕관 그림을 그린다.

2

숫자는 43번 아이싱으로 바탕을 만들고, 단단한 25번과 26번 아이싱을 교대로 짜서 점선으로 가장자리를 장식한다.

3

왕관은 25번 아이싱으로 바탕을 만들고, 27번 아이싱으로 가운데에 하트를 그린다. 컬러 슈거를 붙이고 가장자리를 15번 아이싱으로 둘러싼다. 16번과 27번 아이싱으로 선과 점을 넣는다.

남자아이
생일 파티
아이싱 쿠키

남자아이 생일은 꿈과 희망을 담은 우
주를 테마로 삼아 표현해 보았어요.

재료

플레인 쿠키(종이본 119쪽)
별
별똥별
비행기
로켓
행성
물결 무늬 타원형(종이본 111쪽)
진저맨(종이본 116쪽)
원형 5cm(종이본 124쪽)
숫자(종이본 127쪽)

아이싱(21쪽 색상표 참조)
1번(흰색 ※로열 아이싱)
9번(회색)
10번(검정)
12번(빨강)
20번(노랑)
22번(주황)
32번(밝은 파랑)
33번(파랑)
43번(연두)

기타 재료, 도구
컬러 슈거(초록)
대나무 꼬치

POINT

비행기와 로켓에 이름을 써 주면 특별
한 생일맞이 쿠키 세트가 된답니다.

우주비행사 만들기

1

1번 아이싱으로 몸을 만들고, 얼굴 부분은 9번, 다리는 33번 아이싱으로 칠한다.

2

단단한 1번, 9번 아이싱으로 선을 그린다.

3

단단한 12번 아이싱으로 무늬를 그려서 완성한다.

행성 만들기

1

22번 아이싱으로 바탕을 만들고, 바탕이 마르기 전에 묽은 20번 아이싱으로 선을 불규칙하게 그려 준다.

2

대나무 꼬치를 사용하여 대리석무늬로 만들고 바탕을 완전히 말린다.

3

단단한 43번 아이싱으로 선을 굵게 그리고 초록색 컬러 슈거를 붙인 뒤에 붓으로 정리한다.

그 외의 소품 만들기

1

별똥별에서 별 부분은 12번 아이싱으로, 꼬리 부분은 33번 아이싱으로 바탕을 만들고, 20번 아이싱으로 별에 점선을 넣는다.

2

로켓은 1번, 33번, 12번, 9번 아이싱으로 바탕을 만들고, 12번과 20번 아이싱으로 점선과 선을 넣는다.

3

물결 무늬 원형은 22번 아이싱으로 바탕을 만들고, 10번과 33번 아이싱으로 글자와 물결선을 넣는다.

4

지구는 32번 아이싱으로 바탕을 만들고, 중간 묽기 43번 아이싱으로 땅 모양을 그린다.

5

숫자는 12번 아이싱으로 바탕을 만들고, 테두리에 20번 아이싱으로 큼직한 점선을 둘러싸듯 그린다.

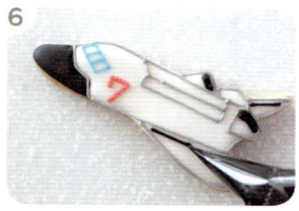

6

비행기는 1번과 10번 아이싱으로 바탕을 만들고, 9번, 10번, 12번, 33번 아이싱으로 선과 창문, 숫자 등을 넣는다.

출산 축하
아이싱 쿠키

아기 이름과 태어난 날짜를 아이싱 쿠키에 써 넣어서 선물하면 정말 기뻐할 거예요.

재료

플레인 쿠키(종이본 120쪽, 121쪽)
곰돌이
유모차
아기 우주복
젖병
미니 젖병
턱받이
딸랑이
엠블럼

아이싱(21쪽 색상표 참조)
1번(흰색 ※로열 아이싱)
3번(베이지)
5번(밝은 갈색)
9번(회색)
10번(검정)
19번(밝은 노랑)
30번(노란 분홍)
32번(밝은 파랑)

기타 재료, 도구
논파레일(흰색)
몽블랑 모양 깍지(133번)
＊모양 깍지 133번 → 233번으로 대체 가능

POINT

아기 모티브 쿠키는 연한 파스텔컬러를 사용하여 부드러운 분위기로 만드세요.

유모차 만들기

1 1번, 30번, 32번 아이싱으로 바탕을 만든다.

2 단단한 1번 아이싱으로 선과 레이스 무늬를 넣는다.

3 9번 아이싱을 담은 짤주머니 끝을 굵게 잘라서 바퀴 부분을 그린다.

젖병 만들기

1 19번, 30번 1번 아이싱으로 바탕을 만든다. 1번 아이싱을 흘려 넣었을 때에는 마르기 전에 32번 아이싱으로 웨트 온 웨트 물방울무늬를 그린다.

2 바탕이 완전히 마르면 단단한 1번 아이싱으로 뚜껑의 세로선을 넣고, 단단한 9번 아이싱으로 눈금을 그려 준다.

곰돌이 만들기

1 5번 아이싱으로 바탕을 만들고 표면을 완전히 말린다.

2 단단한 5번 아이싱을 133번 깍지를 끼운 짤주머니에 담고, 위에서부터 크림이 조금 서도록 짜 준다.

3 중간 묽기 3번 아이싱으로 코 주위와 귀, 손을 그린다.

3 단단한 10번 아이싱으로 눈과 코를 그린다. 미니 젖병을 붙여서 완성한다.

그 외의 쿠키 만들기

1 딸랑이는 바탕에 19번 아이싱을 흘려 넣고 마르기 전에 논파레일을 뿌린다. 30번, 32번 아이싱으로 마무리한다.

2 턱받이는 32번 아이싱으로 바탕을 만들고, 단단한 1번 아이싱으로 테두리에 레이스, 한가운데에 리본을 그리고 전체적으로 물방울무늬를 짜 준다.

3 엠블럼은 1번 아이싱으로 바탕을 만들고, 단단한 9번 아이싱으로 글자를 쓰고 파티 플래그 그림도 넣어 준다.

3 아기 우주복은 19번과 32번 아이싱으로 바탕을 만들고, 1번과 30번 아이싱으로 무늬를 넣는다.

결혼 축하 아이싱 쿠키

드레스와 턱시도는 결혼식 주인공 두 사람을 형상화한 색으로 바꿔서 만들어도 좋아요.

재료

플레인 쿠키(종이본 121쪽)
엠블럼
반지
케이크
나비
하트 모양(대, 소 / 종이본 123쪽)

아이싱(21쪽 색상표 참조)
1번(흰색 ※로열 아이싱)
9번(회색)
10번(검정)
16번(보라)
37번(밝은 청록)
40번(밝은 초록)

기타 재료, 도구
식용 은구슬

1 드레스는 1번 아이싱으로 가장자리에 쉘 짜기를 하고 전체에 물방울무늬를, 목 부분에 점선을 넣고 가슴에 16번과 40번 아이싱으로 장미를 장식한다.

2 턱시도는 1번과 10번 아이싱으로 바탕을 만들고 16번 아이싱으로 넥타이를, 1번 아이싱으로 선과 단추를 그린다.

3 반지는 마지막에 9번 아이싱으로 다이아몬드의 선을 그리고 은구슬을 올린다.

Part 4

조금 더 공들인 특별한

아이싱 쿠키

Special icing cookies

실루엣
아이싱 쿠키

런아웃이라는 기법으로 좋아하는 그림을 전사하여 아이싱 쿠키를 만들어요.

플레인 쿠키
엠블럼(종이본 122쪽)

아이싱(21쪽 색상표 참조)
1번(흰색 ※로열 아이싱)
10번(검정)
16번(보라)
26번(분홍)

기타 재료, 도구
런아웃용 밑그림
런아웃용 밑그림을 넣을 클리어파일 혹은 유산지

POINT

런아웃(runout)이란 아이싱만으로 장식을 만드는 기법입니다. 여기에서는 쿠키와는 별도로 실루엣 모양을 밑그림대로 전사하여 아이싱 장식을 만듭니다.

아이싱 장식 만들기

1
마음에 드는 그림을 준비하여 클리어 파일 안에(혹은 유산지 뒤에) 넣는다.

2
중간 묽기 10번 아이싱으로 밑그림을 따라서 아이싱을 얹어 준다.

3
짤주머니 끝을 빙글빙글 돌리면서 아이싱을 펴 준다.

4
조금 봉긋해지도록 아이싱을 넉넉하게 짜 주는 것이 포인트. 하루 동안 말린다.

5
아이싱이 단단하게 마르면 조심스럽게 떼어낸다.

> **PLUS TIP**
> 아이싱 장식은 완전하게 마를 때까지 적어도 하루는 걸립니다. 아이싱 쿠키를 만들기 전날까지는 만들어 두세요.

실루엣 쿠키 만들기

1
엠블럼 모양을 따라서 단단한 26번, 16번, 1번 아이싱으로 윤곽선을 그린다.

2
묽은 아이싱을 흘려 넣는다.

3
아이싱이 마르기 전에 미리 만들어 놓은 장식을 올린다.

4
마르면 선을 그려서 완성한다.

5
다른 색으로도 만든다. 마지막에 가장자리에 점선을 넣어 준다.

알파벳 아이싱 쿠키

알파벳 쿠키를 나란히 놓아서 마음을 전해 보세요.

재료

플레인 쿠키(종이본 125쪽~127쪽)
각종 알파벳

아이싱(21쪽 색상표 참조)
25번(밝은 분홍)
29번(어두운 분홍)
34번(어두운 파랑)
35번(밝은 앤티크 블루)
39번(밝은 남색)

기타 재료, 도구
없음

1
단단한 아이싱으로 글자 모양을 따라서 윤곽선을 그리고, 묽은 아이싱을 붓으로 흘려 넣는다.

2
표면이 마르면 단단한 아이싱으로 스티치 선을 그린다.

3
구멍이 뚫린 알파벳은 안쪽부터 먼저 선을 그린다.

작은 꽃 아이싱 쿠키

모양 깍지로 짜서 만든 꽃을 올려서 한 입 크기 아이싱 쿠키를 만들었어요.

재료

플레인 쿠키(종이본 124쪽)
원형 3cm
원형 4cm

아이싱(21쪽 색상표 참조)
12번(빨강)
20번(노랑)
43번(연두)

[꽃만들기용 아이싱]
1번(흰색 ※로열 아이싱)
15번(밝은 보라)
23번(주홍)
25번(밝은 분홍)
29번(어두운 분홍)
32번(밝은 파랑)

기타 재료, 도구
논파레일(흰색, 노랑)
컬러 식용 구슬(좋아하는 색)
꽃 짜기 세트(32쪽 참조)
모양 깍지(13번, 18번, 103번)
＊모양 깍지 103번 …▸ 101번, 102번으로
대체 가능

1 32쪽~36쪽을 참고하여 아이싱 꽃을 만든다.

2 원형 쿠키에 바탕을 칠하고, 꽃과 쿠키 표면이 마르면 아이싱으로 붙여 준다.

마법 지팡이
아이싱 팝쿠키

마치 마법 지팡이처럼 보이는 막대 달린 아이싱 팝쿠키예요. 아이들에게도 인기 만점이랍니다.

재료

플레인 쿠키(종이본 122쪽, 123쪽)
별 6cm
하트 7cm

아이싱(21쪽 색상표 참조)
16번(보라)
20번(노랑)
25번(밝은 분홍)
26번(분홍)

기타 재료, 도구
컬러 슈거(분홍)
식용 구슬 대(분홍, 은색)
식용 구슬 중(분홍)
식용 구슬 소(은색)
별 스프링클
롤리팝 스틱
마스킹테이프
리본 등

POINT

롤리팝 스틱을 마스킹테이프와 리본으로 장식하면 한층 더 예쁘답니다.

마법 지팡이 쿠키 만들기

1

쿠키는 미리 롤리팝 스틱을 꽂아서 굽는다(17쪽 참조).

2

하트 모양 쿠키에 단단한 16번 아이싱으로 윤곽선을 그린다.

3

묽은 16번 아이싱을 흘려 넣고, 표면이 완전히 마르면 단단한 26번 아이싱으로 테두리에 굵은 선을 그린다.

4

분홍색 컬러 슈거를 붙이고 붓으로 정리한다.

5

가운데에 단단한 26번 아이싱으로 눈물 모양을 그린다.

6

분홍색 컬러 슈거를 붙이고 붓으로 정리한다.

7

단단한 16번 아이싱으로 작은 물방울 무늬를 짜면서 구슬을 붙여 준다.

8

아치 모양이 되도록 구슬을 붙인다.

9

노랑 별은 20번 아이싱으로 바탕을 만들고, 표면이 완전히 마르면 같은 20번 아이싱으로 구슬을 붙인다.

10

분홍 별은 25번 아이싱으로 바탕을 만든다. 표면이 완전히 마르면 단단한 16번 아이싱으로 글자를 쓰고, 25번 아이싱으로 구슬 등을 붙인다.

장식하기

1

마스킹테이프는 시작 부분을 비스듬히 자른다.

2

롤리팝 스틱의 밑동에서부터 돌려서 감아 준다.

3

다 감은 뒤에 테이프 끝 부분도 비스듬히 자른다.

4

그 외의 쿠키도 같은 방법으로 마스킹테이프나 리본 등으로 예쁘게 장식한다.

꽃다발
아이싱 쿠키

팝 쿠키를 꽃다발처럼 입체적으로 만
들었어요.

재료

플레인 쿠키(종이본 111쪽, 113쪽)
꽃(꽃잎 8장)
꽃(꽃잎 6장)

아이싱(21쪽 색상표 참조)
1번(흰색 ※로열 아이싱)
10번(검정)
15번(밝은 보라)
16번(보라)
20번(노랑)
22번(주황)

기타 재료, 도구
롤리팝 스틱
빨대
논파레일(흰색, 노랑, 주황, 검정)
마스킹테이프
대나무 꼬치

POINT

쿠키와 롤리팝 스틱을 붙인 뒤에는 완
전히 말려서 고정시키세요.

팬지 만들기

1

꽃 쿠키는 빨대로 가운데에 구멍을 내고 굽는다.

2

단단한 16번 아이싱으로 꽃의 선을 그린다.

3

묽은 16번 아이싱을 흘려 넣는 동시에 짤주머니에 담은 묽은 20번 아이싱을 그림 부분에 넣는다.

4

대나무 꼬치로 무늬 끝부분을 꽃잎 바깥쪽을 향해 선을 그리듯 펴 준다.

5

같은 방법으로 꽃잎 6장에 전부 무늬를 만든다. 바탕이 마르면 무늬가 스며들지 않으므로 1장씩 칠하고 완전히 말린다.

6

완전히 마르면, 유산지 위에 쿠키를 거꾸로 놓는다.

7

구멍 부분에 단단한 아이싱을 흘려 넣는다.

8

롤리팝 스틱을 수직으로 꽂아서 한동안 막대를 잡은 채로 말리고, 손을 뗀 뒤에 그대로 몇 시간 굳힌다.

9

꽃 가운데 부분에 단단한 1번 아이싱을 둥글게 짜고 논파레일을 붙인다.

데이지 만들기

1

단단한 1번 아이싱으로 꽃의 선을 그리고 묽은 아이싱을 흘려 넣는다.

2

팬지와 같은 방법으로 완전히 마르면 롤리팝 스틱을 꽂아 주고 논파레일로 마무리한다.

3

롤리팝 스틱에 초록 마스킹테이프를 감아서 줄기로 만들어 준다.

스노글로브
아이싱 쿠키

반짝거리는 예쁜 스노글로브를 아이싱 쿠키로 만들었어요. 안에 든 것도 흔들려서 진짜 스노글로브와 똑같답니다!

재료

플레인 쿠키(종이본 123쪽, 124쪽)
스노글로브
원형 5cm

아이싱(21쪽 색상표 참조)
[스노글로브 바깥쪽]
10번(검정)
32번(밝은 파랑)
[홍학]
1번(흰색) ※로열 아이싱
10번(검정), 23번(주홍),
26번(분홍), 33번(파랑)
[무지개]
12번(빨강), 16번(보라),
20번(노랑), 22(주황),
33번(파랑), 43번(연두)
[성]
16번(보라), 26번(분홍),
27번(꽃분홍), 31번(퍼플 핑크),
43번(연두)
[에펠 탑]
10번(검정), 26번(분홍),
33번(파랑)

기타 재료, 도구
이소말트
실리콘 컵
유산지
논파레일(흰색)
좋아하는 스프링클 등

POINT

스노글로브 안에는 좋아하는 것을 넣어서 만들어 보세요. 이소말트는 습도와 높은 실온에 약하니 작업 환경에 주의합니다.

스노글로브 만들기

1

크키 반죽은 스노글로브 모양으로 찍
어낼 때에 원형도 같이 잘라내어 2장
을 굽는다.

PLUS TIP

스노글로브는 쿠키 2개를 붙여서 만
드니까 스노글로브 하나에 쿠키 2개
가 필요합니다.

2

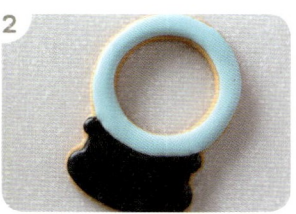

스노글로브 앞판으로 쓸 쿠키에 32번
과 10번 아이싱으로 바탕을 만든다.

3

쿠키 팬에 유산지를 깔고 쿠키를 나란
히 놓는다.

4

이소말트를 실리콘 컵에 담아서 준비
한다.

5

600w 전자레인지에서 약 1분 30초
가열하여 녹인다.

6

이소말트가 녹으면 아이싱을 바르지
않은 쿠키(스노글로브 뒤판으로 사
용)의 원형 안에 흘려 넣는다.

7

가운데에 흘려 넣은 이소말트를 전체
에 펴 준다.

PLUS TIP

이소말트란 사탕을 만들기 위
한 감미료이며 설탕 공예, 과자
만들기 등에 사용합니다. 가열
하면 굉장히 뜨거워지므로 데
지 않도록 조심하세요.

8

컵에 든 양의 반을 붓는다. 이소말트
는 식으면 다시 굳어지니 재빨리 작업
한다.

9

아이싱을 바른 쿠키(스노글로브 앞판
으로 사용)에도 같은 방법으로 남은
이소말트를 흘려 넣는다.

다음 페이지로 ⋯

10

15분 정도 놔두고 표면이 완전히 마르면 유산지에서 살짝 떼어낸다.

11

스노글로브 앞판의 이소말트 위에 단단한 23번 아이싱으로 홍학의 선을 그린다.

12

중간 묽기 23번 아이싱을 짤주머니에 담아서 홍학 안을 칠한다.

13

단단한 1번 아이싱으로 얼굴에 작은 원을 짜 준다.

14

단단한 1번 아이싱으로 날개의 선을 그린다.

15

단단한 10번 아이싱으로 부리를 그린다.

16

단단한 10번 아이싱으로 다리를 그린다.

17

스노글로브 아랫부분(검정)에 단단한 26번 아이싱으로 리본, 33번 아이싱으로 아치 모양 선을 2겹으로 그린다.

18

단단한 26번 아이싱으로 리본에 선을 그려 주고 아치 위에 점을 짜 준다.

19

아이싱을 바르지 않은 쿠키(스노글로브 뒤판으로 사용)에 논파레일을 넣는다.

20

테두리를 따라서 접착용 아이싱을 짜 준다.

21

스노글로브 앞판 쿠키를 위에서부터 겹쳐서 붙이고 말려서 완성한다.

무지개 스노글로브 만들기

1

같은 방법으로 스노글로브 바탕을 준비하고, 무지개를 그릴 단단한 아이싱을 준비한다.

2

단단한 아이싱으로 아치를 그리듯이 색을 한 가지씩 겹쳐 준다.

3

스노글로브 아랫부분(검정)에 단단한 20번 아이싱으로 글자를 쓴다.

3

스노글로브 안에 색색가지 스프링클을 넣거나 좋아하는 그림이나 글자를 쓰는 등 바꿔서 만들어도 좋다.

아이싱 쿠키 컵케이크

컵케이크 위에 아이싱 쿠키를 얹어 주면 귀여움이 두 배인 간식이 되지요.

재료

플레인 쿠키(종이본 123쪽)
리본

아이싱(21쪽 색상표 참조)
1번(흰색 ※로열 아이싱)
16번(보라)
29번(어두운 분홍)
37번(밝은 청록)

기타 재료, 도구
컵케이크(기존 제품을 사용)
버터크림(기존 제품을 사용)
모양 깍지(2D번)
＊모양 깍지 2D번 ⋯ 886번으로 대체 가능

1 리본 쿠키는 먼저 바탕을 만들고 마르면 가운데 묶은 부분을 만든다. 물방울무늬는 웨트 온 웨트 기법으로 만든다.

2 버터크림에 쿠키와 같은 색 아이싱 컬러를 섞어서 색을 낸다.

3 2D번 모양 깍지를 짤주머니에 끼워서 컵케이크 가운데에서부터 바깥쪽을 향해 크림을 짜 준다. 크림 위에 아이싱 쿠키를 세우듯 살짝 얹어서 완성한다.

사각 아이싱 쿠키 케이크

특별한 날에는 아이싱 쿠키로 주위를 둘러싼 스페셜 데커레이션 케이크를 만들어 보세요.

재료

플레인 쿠키(종이본 124쪽)
직사각형(3cm×7cm) 18개

아이싱(21쪽 색상표 참조)
20번(노랑)
25번(밝은 분홍)
32번(밝은 파랑)
33번(파랑)

기타 재료, 도구
홀 케이크 5호 사이즈
스프링클 원하는 색상
리본

1 사각 쿠키를 18개 굽고, 5개 정도씩 네 가지 색 아이싱으로 바탕을 만들어서 말린다.

2 홀 케이크 옆면에 아이싱 쿠키를 붙인 다. 리본을 감거나 스프링클을 뿌려서 케이크를 장식한다.

PLUS TIP
사각 쿠키는 케이크 크기와 높이에 따라 개수와 길이를 조절합니다.
상황에 따라 아이싱 쿠키 색깔도 바꿔서 만들어 보세요.

파운드케이크 아이싱 장식

밋밋한 파운드케이크에는 대담하게 아이싱을 부어서 화려하게 장식해 보세요.

재료

아이싱(21쪽 색상표 참조)
·번(흰색 ※로열 아이싱)

꽃 만들기용 아이싱(21쪽 색상표 참조)
·5번(밝은 보라)
20번(노랑)
29번(어두운 분홍)
40번(밝은 초록)

기타 재료, 도구
파운드케이크(기존 제품을 사용)
모양 깍지(18번)

1

36쪽을 참고하여 아이싱 장미꽃을 만든다.

2

중간 묽기 1번 아이싱을 파운드케이크 위에 붓는다.

3

2의 표면이 마르면 아이싱 장미꽃을 보기 좋게 붙여 준다.

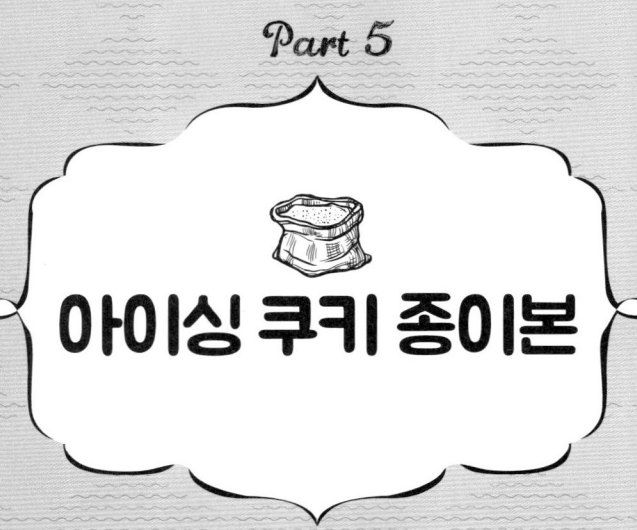

Part 5

아이싱 쿠키 종이본

Paper pattern

이 책에서 만든 쿠키의 종이본입니다.
만들고 싶은 크기로 복사해서 칼로 모양을 잘라 내거나(17쪽 참조), 직접 쿠키 커터를 만들 때(37쪽) 이용합니다.

44쪽
설탕 그릇

44쪽
우유 그릇

44쪽
찻잔

44쪽
찻주전자

44쪽
포크

44쪽,
66쪽
스푼

46쪽, 96쪽
꽃(꽃잎 8장)

46쪽
엠블럼

46쪽
리본

48쪽, 68쪽, 70쪽, 80쪽
물결 무늬 타원형

46쪽
드레스

48쪽
물결 무늬 원형 6cm

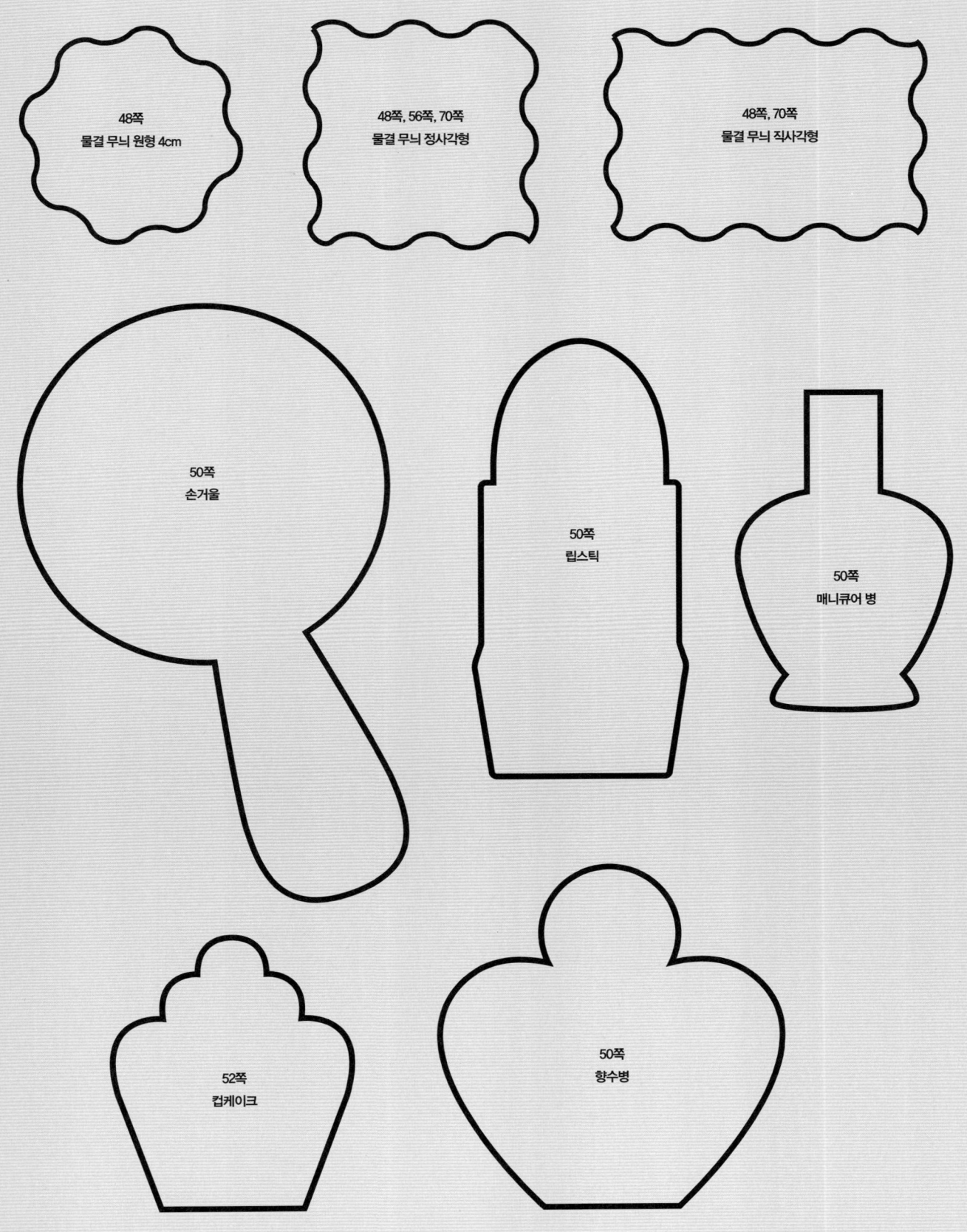

48쪽
물결 무늬 원형 4cm

48쪽, 56쪽, 70쪽
물결 무늬 정사각형

48쪽, 70쪽
물결 무늬 직사각형

50쪽
손거울

50쪽
립스틱

50쪽
매니큐어 병

52쪽
컵케이크

50쪽
향수병

54쪽, 96쪽
꽃(꽃잎 6장)

54쪽
나뭇잎

54쪽
체리

56쪽
에펠 탑

56쪽
푸들

56쪽
*클리지외즈

*클리지외즈 슈 2개를 눈사람처럼 쌓아 올린 프랑스 과자

60쪽
핸드백

60쪽
하이힐

64쪽
진저맨 쿠키

64쪽
눈사람

64쪽
양말

64쪽
사탕

64쪽
지팡이

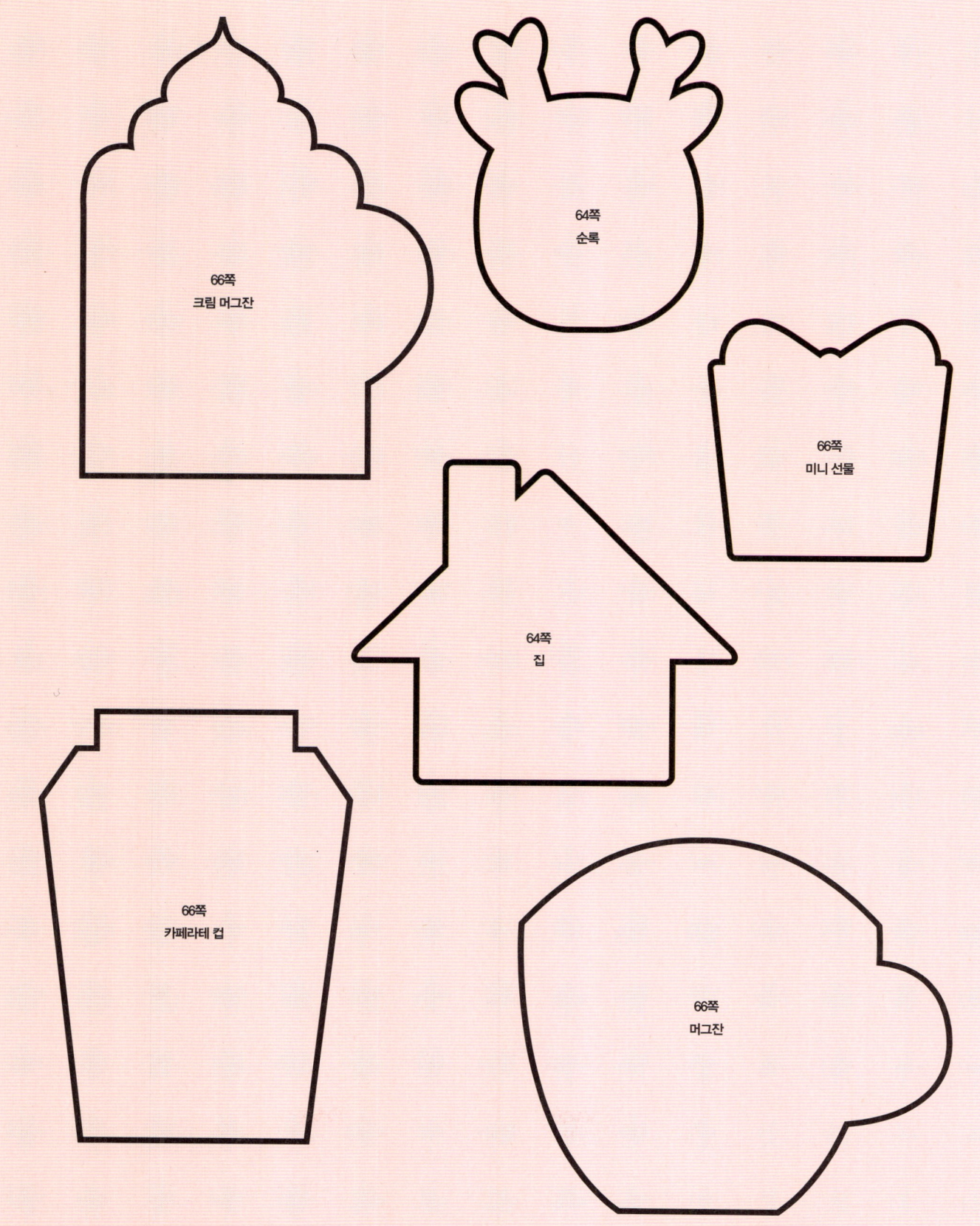

66쪽
크림 머그잔

64쪽
순록

66쪽
미니 선물

64쪽
집

66쪽
카페라테 컵

66쪽
머그잔

68쪽, 80쪽
진저맨

68쪽
진저걸

68쪽
긴 지팡이

68쪽
오너먼트

68쪽
크리스마스 트리

68쪽
집

68쪽
양말

68쪽
눈 결정

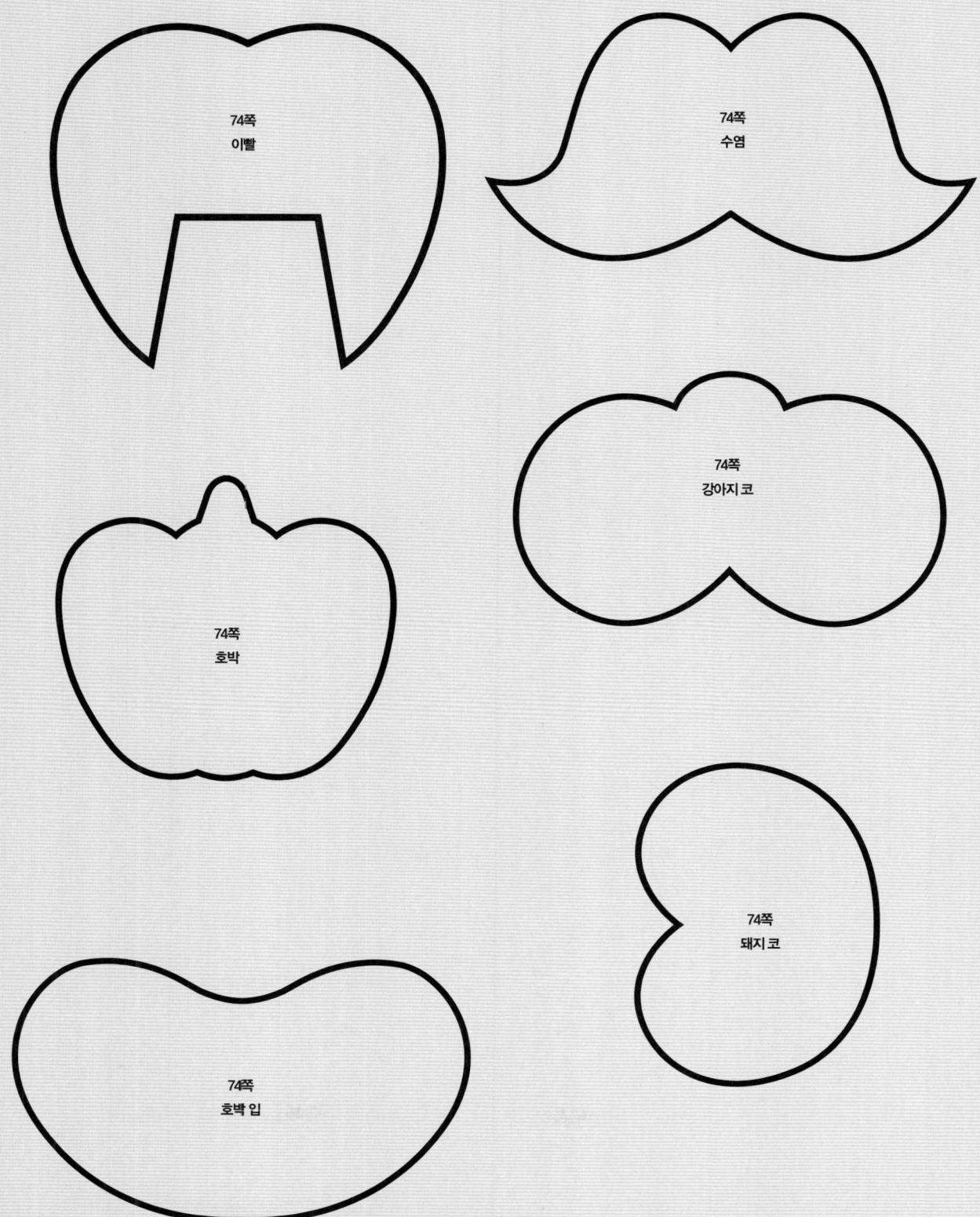

74쪽
이빨

74쪽
수염

74쪽
호박

74쪽
강아지 코

74쪽
호박 입

74쪽
돼지 코

76쪽
벚꽃

76쪽
매화

78쪽
왕관

78쪽
리본

78쪽
드레스

78쪽
3단 케이크

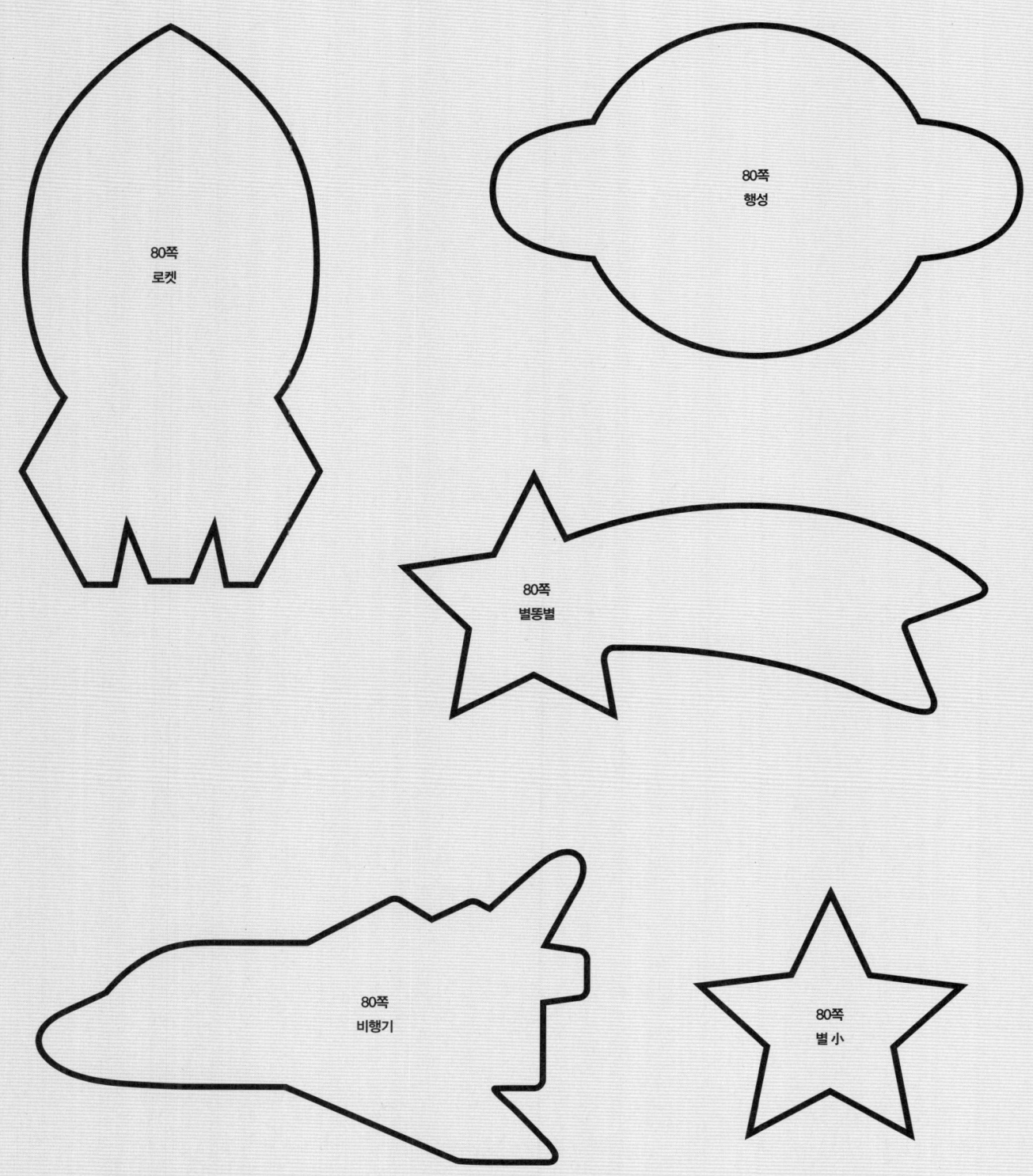

80쪽
로켓

80쪽
행성

80쪽
별똥별

80쪽
비행기

80쪽
별 小

82쪽
곰돌이

82쪽
엠블럼

82쪽
딸랑이

82쪽
젖병

82쪽
미니 젖병

82쪽
유모차

82쪽
턱받이

82쪽
아기 우주복

84쪽
엠블럼

84쪽
나비

84쪽
케이크

84쪽
반지

88쪽
나비

88쪽
단발 머리띠 소녀

88쪽
머리 묶은 소녀

88쪽
나비

88쪽
올림머리 소녀

94쪽
별 6cm

103쪽
리본

98쪽
스노글로브

64쪽, 94쪽
하트 7cm

58쪽, 70쪽
둥근 하트

60쪽, 73쪽, 78쪽, 84쪽
하트 대

42쪽, 56쪽, 58쪽, 60쪽, 70쪽
하트 중

42쪽, 56쪽, 78쪽, 84쪽
하트 소

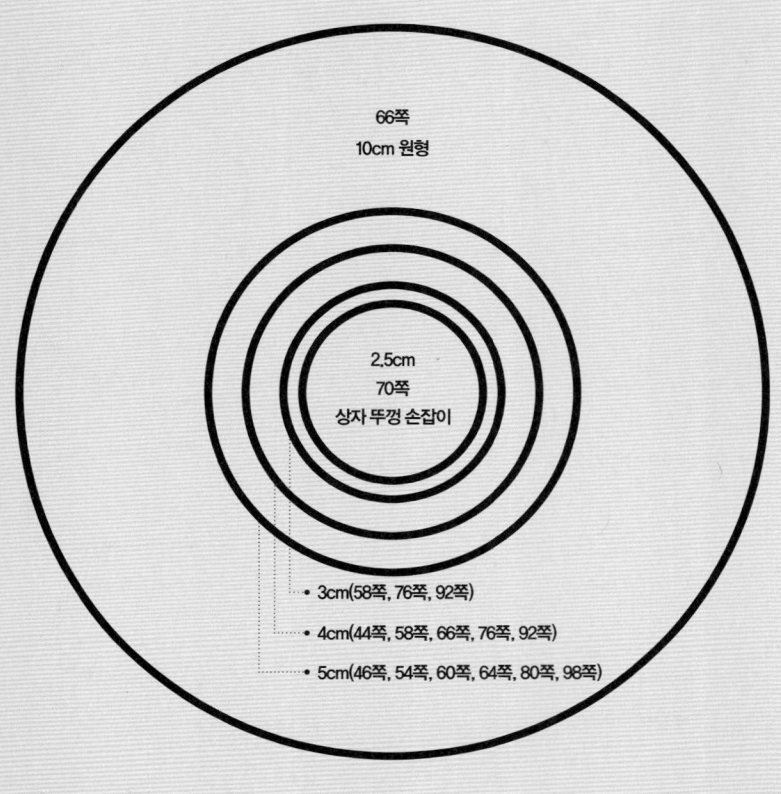

66쪽
10cm 원형

2.5cm
70쪽
상자 뚜껑 손잡이

• 3cm(58쪽, 76쪽, 92쪽)

• 4cm(44쪽, 58쪽, 66쪽, 76쪽, 92쪽)

• 5cm(46쪽, 54쪽, 60쪽, 64쪽, 80쪽, 98쪽)

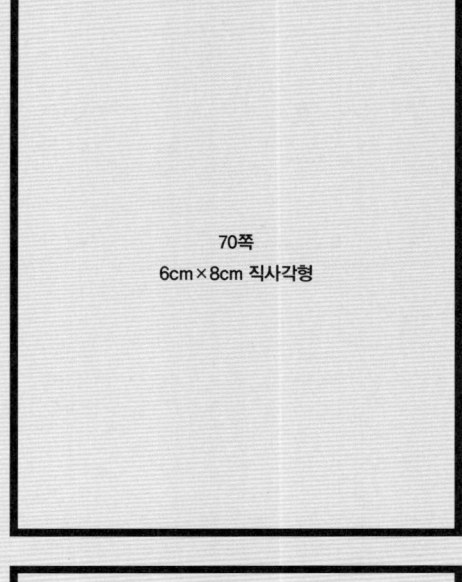

70쪽
6cm×8cm 직사각형

70쪽
6cm×7cm 직사각형

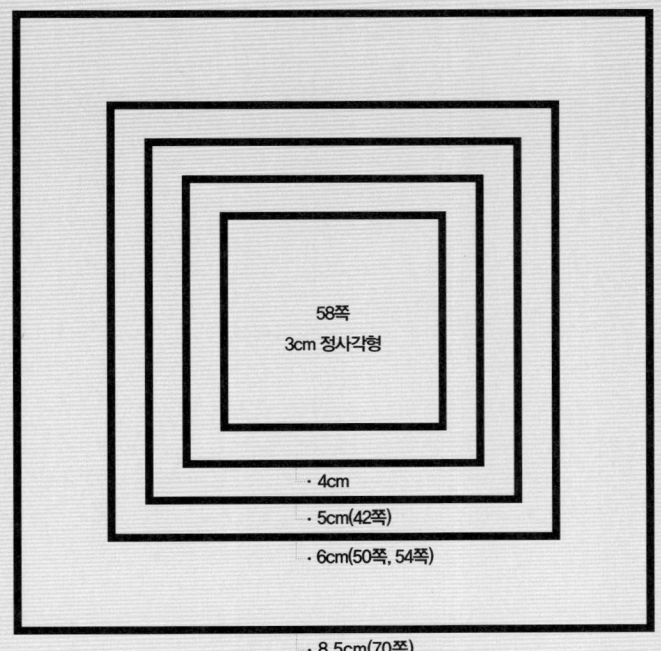

58쪽
3cm 정사각형

• 4cm

• 5cm(42쪽)

• 6cm(50쪽, 54쪽)

• 8.5cm(70쪽)

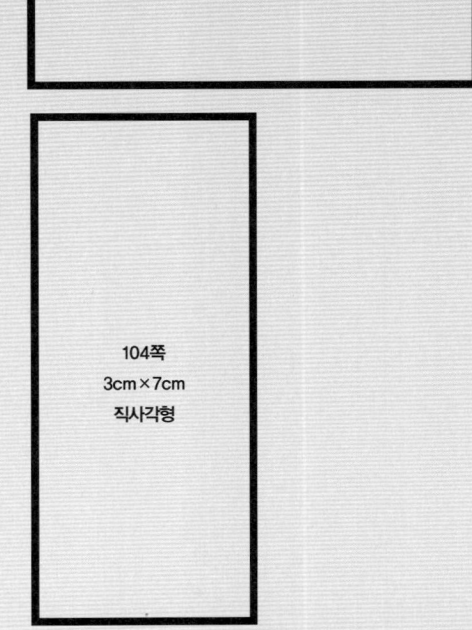

104쪽
3cm×7cm
직사각형

A B C

D E F

G H I J

K L M

N O P

Q R S T

U V W

X Y Z

78쪽, 80쪽

포장
아이디어

다 만든 쿠키는 건조제를 함께 넣고 안이 보이는 투명 비닐 등으로 포장하세요.
예쁘게 포장하면 어깨도 으쓱해지죠! 선물하기에도 아주 좋아요.

마스킹테이프, 리본, 끈 등으로 예쁘게 포장해 보세요.

건조제는 시트 모양으로 된 것을 추천해요. 열로 밀봉할 수 있는 밀봉기가 있으면 편리하지요.

Happy
Birthday

Congratulations
on your baby birth

Mery Xmas!

크리스마스 쿠키는 봉투에 끈을 끼워서 크리스마스트리에 장식처럼 달아주면 예뻐요.

TAKOYAKI POPS!

다코야키로 유명한 오사카에 사는 친구에게 다코야키 모양으로 만든 아이싱 쿠키를 선물했어요. 진짜처럼 맛있어 보이죠?

FAMILY CAMERA

생일에는 온 가족의 이름을 넣은 카메라 모양 쿠키를 선물해 보세요. 굽기 전에 구멍을 뚫어 놓았다가 끈을 끼웠어요.

HALLOWEEN CUPCAKES

제과교실에서 컵케이크에 아이싱으로 할로윈 장식을 해 보았어요. 으스스하면서도 우스꽝스러운 쿠키랍니다.

FLOWER BOUQUET!

꽃다발을 표현한 아이싱 쿠키예요. 그동안 도와주신 선생님들께 감사하는 마음을 담아서 선물해 보세요.

BABY SHOWER!

출산을 앞둔 친구가 사람들과 모여서 파티를 할 때 만든 아이싱 쿠키예요. 푸른색을 메인으로 삼았어요.

CHICK BIRTHDAY CAKE

병아리를 주제로 하여 생일 케이크를 만들었어요. 아이싱 사각 쿠키와 병아리를 노랑으로 통일해서 귀여워요.

ICING PARTY FOR KIDS!

여름방학에 아이들을 데리고 아이싱 파티를 열어 보세요! 쿠키 장식 재료를 듬뿍 준비해 두면 다 같이 즐거운 시간을 보낼 수 있어요.

LOVELY BEAR!

강좌에서 만든 곰돌이 쿠키예요. 수강생과 제가 만든 작품을 한데 모아 보았어요.

SPECIAL THANKS

저는 어릴 때부터 그림을 그리거나 뭔가 만들기를 아주 좋아했답니다. 아이싱 쿠키와 만나고 제 세계와 감성은 한층 폭넓어졌지요. 앞으로도 제 쿠키를 감상하는 사람, 맛있게 먹어 주는 사람들이 모두 웃을 수 있도록 아이싱 쿠키를 한 개 한 개 공들여 만들려고 합니다. 지금까지 응원해 주신 모든 분께 진심으로 고마움을 전합니다.

Y&Csweets 다카하시 요코

누구나 쉽게 즐기는 홈베이킹 레시피

나의 첫 아이싱 쿠키

초판 1쇄 2017년 2월 9일

지은이 | 다카하시 요코
옮긴이 | 남궁가윤
감수 | 픽시케익

펴낸이 | 서인석
펴낸곳 | ㈜제우미디어
출판등록 | 제 3-429
등록일자 | 1992년 8월 17일
주소 | 서울시 마포구 독막로 76-1 한주빌딩 5층
전화 | 02-3142-6845
팩스 | 02-3142-0075
홈페이지 | www.jeumedia.com

ISBN 978-89-5952-549-2

값은 뒤표지에 있습니다.
파본은 본사나 구입하신 서점에서 교환해 드립니다.

| 만든 사람들 |
출판사업부총괄 | 손대현
편집장 | 전태준
기획편집 | 홍지영
기획팀 | 최현준, 이경인
영업 | 김영욱, 박임혜
제작 | 김금남
디자인 | 디자인그룹올
인쇄 · 제본 | (주)신우디피케이, 정민제본

마이쿠키디어

특별한 쿠키 커터가 있는 곳

나의 첫 **아이싱 쿠키** 서적 출간 기념
10,000원 할인 쿠폰 증정

쿠폰번호 : 77XH-L56D-FXPQ-EIKW
유효기간 : 2018년 12월 31일 까지

마이 쿠키 디어 홈페이지에 오시면 본 책에 실린 모든 쿠키 커터를 만나실 수 있어요!

등록방법

사이트 접속 ···› 회원가입/로그인 ···› 마이 페이지 ···› 할인 쿠폰 내역
···› 페이퍼 쿠폰 인증 ···› 쿠폰 번호 입력 ···› 확인

주의사항

15,000원 이상 구입 시 사용할 수 있습니다.
타 쿠폰과 중복 사용 불가, 적립금과 중복 사용 가능

www.mycookidea.com

마이쿠키디어 회원이 되면 좋은 점

각종 이벤트
- 마이쿠키디어 신제품 체험단 참여 기회
- 후기 작성 포인트 지급 1,000점
- 매월 디자인 공모전을 통하여 제품화 및 판매
  (판매시마다 적립금 지급)
- 매일 업로드 되는 블로그 퀴즈 2,000점(추첨)

할인 혜택
- 가입시 배송비 무료 쿠폰 지급
- 회원등급에 따라 매월 할인 쿠폰 발급
- 공방선생님 특별할인 혜택(공방선생님 회원 등록 시)
- 공방 수강생 특별할인 혜택(등록된 공방 수강생)